U0309500

载人航天出版工程

总主编：周建平
总策划：邓宁丰

"十三五"国家重点出版物出版规划项目

液体运载火箭
低温动力系统工程设计

李东　黄兵　黄辉　著

中国宇航出版社

·北京·

图书在版编目（ＣＩＰ）数据

液体运载火箭低温动力系统工程设计 / 李东，黄兵，黄辉著 . -- 北京：中国宇航出版社，2017.2

ISBN 978 - 7 - 5159 - 1269 - 1

Ⅰ.①液… Ⅱ.①李… ②黄… ③黄… Ⅲ.①液体推进剂火箭发动机－系统设计 Ⅳ.①V434

中国版本图书馆 CIP 数据核字（2017）第 020746 号

责任编辑 彭晨光　　　　**封面设计** 宇星文化

出 版
发 行　　中国宇航出版社

社　址　北京市阜成路 8 号　　　邮　编　100830
　　　　（010）60286808　　　　（010）68768548
网　址　www.caphbook.com
经　销　新华书店
发行部　（010）60286888　　　　（010）68371900
　　　　（010）60286887　　　　（010）60286804（传真）
零售店　读者服务部
　　　　（010）68371105
承　印　天津画中画印刷有限公司
版　次　2017 年 2 月第 1 版　　2017 年 2 月第 1 次印刷
规　格　880×1230　　　　　　　开　本　1/32
印　张　7.875　　　　　　　　　字　数　227 千字
书　号　ISBN 978 - 7 - 5159 - 1269 - 1
定　价　98.00 元

本书如有印装质量问题，可与发行部联系调换

《载人航天出版工程》总序

中国载人航天工程自 1992 年立项以来，已经走过了 20 多年的发展历程。经过载人航天工程全体研制人员的锐意创新、刻苦攻关、顽强拼搏，共发射了 10 艘神舟飞船和 1 个目标飞行器，完成了从无人飞行到载人飞行、从一人一天到多人多天、从舱内实验到出舱活动、从自动交会对接到人控交会对接、从单船飞行到组合体飞行等一系列技术跨越，拥有了可靠的载人天地往返运输的能力，实现了中华民族的千年飞天梦想，使中国成为世界上第三个独立掌握载人航天技术的国家。我国载人航天工程作为高科技领域最具代表性的科技实践活动之一，承载了中国人民期盼国家富强、民族复兴的伟大梦想，彰显了中华民族探索未知世界、发现科学真理的不懈追求，体现了不畏艰辛、大力协同的精神风貌。航天梦是中国梦的重要组成部分，载人航天事业的成就，充分展示了伟大的中国道路、中国精神、中国力量，坚定了全国各族人民实现中华民族伟大复兴中国梦的决心和信心。

载人航天工程是十分复杂的大系统工程，既有赖于国家的整体科学技术发展水平，也起到了影响、促进和推动着科学技术进步的重要作用。载人航天技术的发展，涉及系统工程管理，自动控制技术，计算机技术，动力技术，材料和结构技术，环控生保技术，通信、遥感及测控技术，以及天文学、物理学、化学、生命科学、力学、地球科学和空间科学等诸多科学技术领域。在我国综合国力不断增强的今天，载人航天工程对促进中国科学技术的发展起到了积极的推动作用，是中国建设创新型国家的标志性工程之一。

我国航天事业已经进入了承前启后、继往开来、加速发展的关键时期。我国载人航天工程已经完成了三步走战略的第一步和第二步第一阶段的研制和飞行任务，突破了载人天地往返、空间出舱和空间交会对接技术，建立了比较完善的载人航天研发技术体系，形成了完整配套的研制、生产、试验能力。现在，我们正在进行空间站工程的研制工作。2020 年前后，我国将建造由 20 吨级舱段为基本模块构成的空间站，这将使我国载人航天工程进入一个新的发展阶段。建造具有中国特色和时代特征的中国空间站，和平开发和利用太空，为人类文明发展和进步做出新的贡献，是我们航天人肩负的责任和历史使命。要实现这一宏伟目标，无论是在科学技术方面，还是在工程组织方面，都对我们提出了新的挑战。

以图书为代表的文献资料既是载人航天工程的经验总结，也是后续任务研发的重要支撑。为了顺利实施这项国家重大科技工程，实现我国载人航天三步走的战略目标，我们必须充分总结实践成果，并充分借鉴国际同行的经验，形成具有系统性、前瞻性和实用性的，具有中国特色的理论与实践相结合的载人航天工程知识文献体系。

《载人航天出版工程》的编辑和出版就是要致力于建设这样的知识文献体系。书目的选择是在广泛听取参与我国载人航天工程的各专业领域的专家意见和建议的基础上确定的，其中专著内容涉及我国载人航天科研生产的最新技术成果，译著源于世界著名的出版机构，力图反映载人航天工程相关技术领域的当前水平和发展方向。

《载人航天出版工程》凝结了国内外载人航天专家学者的智慧和成果，具有较强的工程实用性和技术前瞻性，既可作为从事载人航天工程科研、生产、试验工作的参考用书，亦可供相关专业领域人员学习借鉴。期望这套丛书有助于载人航天工程的顺利实施，有利于中国航天事业的进一步发展，有益于航天科技领域的人才培养，为促进航天科技发展、建设创新型国家做出贡献。

2013 年 10 月

前　言

运载发展，总体牵引，动力先行。运载火箭动力系统又称推进系统，是为运载火箭飞行提供推力和姿控力的装置。按照动力系统使用推进剂类型的不同，运载火箭一般可分为固体火箭、液体火箭及液固混合火箭；液体火箭又可分为常温火箭和低温火箭，低温火箭采用液氧、液氢等只在低温甚至是深低温下呈液态的推进剂。液体运载火箭动力系统一般包括发动机和增压输送系统，同时涵盖动力系统地面测发控和加注、供配气等技术。低温液体火箭具有高性能、绿色无毒无污染等特性，是当今世界范围内运载火箭发展的重要方向，我国新一代运载火箭均为低温液体火箭。

低温动力系统属于典型的多学科交叉领域，涉及雾化燃烧、化学动力学、多相流动与传热传质、流固耦合、汽蚀与空化、机械振动、疲劳与断裂等诸多前沿研究方向。低温动力系统设计是低温火箭工程研制过程中面临的最为复杂的过程之一。低温推进剂深低温、易挥发等特性加大了低温火箭在设计、制造、试验、使用维护等方面的难度，对产品的强度、洁净度、绝热、密封等性能要求非常高。低温动力系统工程设计需要突破低温火箭发动机、贮箱增压、推进剂输送、发动机预冷、POGO 抑制、系统绝热、低温密封、低温试验、测试发射等一系列关键技术。

我国先进低温动力系统研制始于长征三号运载火箭（CZ－3），其改进型长征三号甲系列运载火箭（CZ－3A、CZ－3B、CZ－3C）进一步突破了 8 t 级 YF－75 发动机、20K 冷氦增压等关键技术。在以长征五号运载火箭（CZ－5）为代表的新一代运载火箭研制过程中，逐步突破了大推力低温液体火箭发动机、循环预冷、低温火箭POGO抑制、高可靠贮箱增压等一系列核心关键技术，推动了低温动力系统在设计技术、关键单机研制、地面试验验证、测试发射等方面的进步。

国内外低温液体火箭发动机相关著作颇丰，常温和低温增压输送系统也有专著，但从低温火箭动力系统总体视角系统、全面地介绍低温动力系统工程设计的文献资料和书籍较鲜见。本书在我国新一代大型低温运载火箭成功研制的基础上，结合国内外运载火箭动力系统设计最新成果，系统总结了运载火箭低温动力系统设计方法及研制经验。全书共分10章：第1章概述了液体运载火箭动力系统的作用及组成、发展特点；第2章阐述了低温动力系统设计的主要理论基础；第3章系统叙述了低温动力系统总体设计的范畴、系统特点、设计原则、研制阶段和设计方法；第4章介绍了低温液体火箭发动机系统及其性能、对火箭总体性能的影响等；第5章阐述了低温推进剂系统的设计特点以及相关的预冷、推进剂热分层、加注设计、推进剂管路以及推进剂出流和涌泉抑制设计；第6章详述了低温贮箱增压系统的功能及要求、贮箱增压分析方法；第7章介绍了低温火箭POGO机理、稳定性分析及抑制技术；第8章叙述了低温动力系统供配气系统、设计及气封吹除设计；第9章介绍了低温动力系统仿真技术发展及应用、时域和频域仿真模型、模块化通用仿真技术；第10章概述了低温动力系统试验技术，重点介绍了试验体系和试验方法。

本书第1章由李东、牛振祺、黄兵编写，第2章由罗盟、黄辉编写，第3章由李东、陈士强编写，第4章由王铁岩、黄兵、黄辉编写，第5章由李东、邵业涛、黄辉编写，第6章由陈士强、黄兵、黄辉编写，第7章由潘辉、黄辉编写，第8章由陈士强、于子文、黄兵编写，第9章由胡久辉、朱平平、黄兵编写，第10章由王浩苏、陈士强、朱平平编写。李东拟定全书内容并审订全稿。

　　本书是作者多年来研究工作的总结，反映了当前国内外液体运载火箭低温动力系统工程研究发展的状况，可作为高等院校航天飞行器设计专业研究生教材，也可为航天飞行器设计领域的研究人员和工程设计人员提供一套完整、实用的参考资料。

　　由于作者水平有限，对书中存在的缺点和不成熟之处，恳请读者批评指正。

著　者

目　录

第1章　运载火箭的发展及其动力系统

1.1　运载火箭的发展

1.1.1　运载火箭早期雏形

"地球是人类的摇篮，但人类不会永远生活在摇篮里。他们将小心翼翼地穿出大气层，然后去征服整个太阳系。"广袤的蓝天、神秘的星空，千百年来以其特有的魅力吸引着人类渴望的目光。从嫦娥奔月的神奇传说到敦煌飞天的美丽壁画，飞向蓝天、飞向星空是人类自古以来的热望和幻想。

追根溯源，中国是最早发明火箭的国家，"火箭"这个词在三国时代（220—280 年）就出现了。唐末宋初（公元 10 世纪）已经有火药用于火箭的文字记载。这时的火箭虽然使用了火药，但仍由弓弩射出。

14 世纪末，万户成为"第一个试图利用火箭飞行的人"。而真正靠火药燃烧喷气推进而非弓弩射出的火箭外形，被记载于明代茅元仪编著的《武备志》（1621 年）中。这种原始火箭虽然没有现代火箭那样复杂，但已经具有战斗部（箭头）、动力系统（火药筒）、稳定系统（尾部羽毛）和箭体结构（箭杆），完全可以认为是现代火箭的雏形。

1.1.2　现代航天理论的建立

开普勒（1571—1630）根据哥白尼的日心说，以及大量的天文观测结果发现了行星运动三定律，是牛顿发现万有引力定律的基础。1687 年，牛顿在《自然哲学的数学原理》一书中完备地建立了古典力学的基本定律，由此创建的万有引力定律为后来天体力学的发展奠定了基础。

1903 年，苏联科学家齐奥尔科夫斯基发表了论文《用火箭推进器探索宇宙》，首次定量阐明了火箭理想速度与火箭排气速度、火箭质量比之间的关系。该公式为宇宙航行奠定了理论基础。此外，他提出了火箭发动机是航天器最适宜的动力装置，为运载器的发展指明了方向，并提出要想飞向其他行星，必须设置中间站，以及火箭在星际空间飞行的条件和火箭从地面起飞的条件。

1.1.3 近现代运载火箭发展

美国的火箭专家、物理学家和现代航天学奠基人之一罗伯特·戈达德博士，从 1921 年开始研制液体火箭，于 1926 年 3 月 16 日成功进行人类历史上首次液体火箭试验并获得成功，这使他成为液体火箭的实际创始人。1932 年他首次用陀螺控制的燃气舵操纵火箭的飞行，1935 年他试验的火箭完成超声速飞行，最大射程约 20 km。

现代导弹之父——冯·布劳恩曾经为纳粹完成 V2 导弹的研制，自 1944 年 9 月 8 日首次投入作战使用到 1945 年 3 月 27 日止，共发射 4 000 多枚。V2 导弹奠定了近代液体导弹和运载火箭的雏形。二战后，冯·布劳恩凭借杰出的火箭设计天赋和工程领导能力让美国成功实施了载人登月计划。

1957 年 10 月 4 日，苏联首先利用卫星号运载火箭把人类历史上第一颗人造地球卫星送上了太空。

迄今为止，运载火箭的发展已走过了半个多世纪的历程。世界各国初期的运载火箭基本是从弹道导弹改进而来的，普遍存在任务适应性单一、型号众多、成本高等问题。从 20 世纪 90 年代开始，面对不断增长的空间资源开发需求以及日益激烈的商业发射市场竞争环境，各航天大国在不断改进现有火箭的同时，大力研制新一代运载火箭。例如，美国已推出了德尔塔 4、宇宙神 5 火箭；欧洲研制了阿里安 5 运载火箭并持续提高其运载能力；日本推出了 H - IIA 火箭系列；俄罗斯研制了安加拉系列运载火箭。新型运载火箭的发展，已完全突破了第一代运载火箭在导弹武器基础上发展所带来的限制，从设计开始就考虑民用与商用目标，并且以可靠性、安全性、经济性等作为主要的设计原则，采用模块化组合形成系列的发展思路。国外主要航天国家或组织均已完成主流运载火箭的更新换代。

同时，积极发展针对特殊任务的运载火箭系统，如针对快速发射要求研制的小型运载火箭、空射运载火箭，针对载人登月需求发展的重型运载火箭，针对提高任务适应性研制的多种通用上面级等。

1.1.4 我国航天运载火箭成就

我国运载火箭的发展始于 20 世纪 60 年代中期，经过不断探索和艰苦努力，现已成功研制了长征系列运载火箭，包括长征一号（CZ - 1）、长征二号系列（CZ - 2、CZ - 2C、CZ - 2E、CZ - 2F）、长征三号（CZ - 3）和长征三号甲系列（CZ - 3A、CZ - 3B、CZ - 3C），以及长征四号系列（CZ - 4、CZ - 4B、CZ - 4C）液体运载火箭。并开展了新一代运载火箭研制，包括长征五号系列（CZ - 5、CZ - 5B）、长征六号（CZ - 6）、长征七号系列（CZ - 7、CZ - 7A）和长征八号（CZ - 8），以及小型固体运载火箭长征十一号（CZ - 11）。

长征系列运载火箭经过 50 余年的发展，使我国的航天技术取得了举世瞩目的成就，经历了由常温推进剂到低温推进剂、由末级一次起动到多次起动、从串联到并联、从一箭单星到一箭多星、从载物到载人的技术跨越，具备了发射低、中、高不同地球轨道，不同类型卫星，载人飞船和货运飞船的能力，入轨精度处于国际先进水平，能够满足不同用户的多种需求。现有长征火箭还具备向月球及太阳系深空发射航天器的能力。

1970 年 4 月 24 日，CZ - 1 火箭成功将东方红一号卫星发射到近地轨道，使我国成为世界上第五个用自制火箭成功发射本国卫星的国家，是我国航天事业发展的第一个里程碑。

1999 年 11 月 20 日，CZ‑2F 火箭成功发射神舟号试验飞船，为实现中国载人航天的战略目标奠定了坚实基础，使我国成为世界上第三个自主发展载人航天技术的国家，进一步确立了中国航天的国际地位，是我国航天事业发展的第二个里程碑。2003 年 10 月 15 日，我国首次载人航天成功，2012 年 6 月 18 日，首次载人交会对接成功。

2007 年 10 月，CZ‑3A 火箭成功将中国首颗月球探测卫星"嫦娥一号"送入预定轨道，标志着中国航天事业成功跨入深空探测的新领域，中华民族千年奔月梦想开始成为现实，是我国航天事业发展的第三个里程碑。

近年来，长征系列运载火箭又成功完成一系列国家重大工程，推动我国航天事业不断向前发展。2008 年 9 月 25 日，CZ‑2F 火箭发射神舟七号载人飞船获得圆满成功，中国成为世界上第三个独立掌握太空出舱关键技术的国家；2011 年 9 月 29 日，CZ‑2F 火箭成功发射"天宫一号"目标飞行器，2011 年 11 月 1 日，CZ‑2F 火箭成功发射神舟八号飞船，我国成功实现首次无人交会对接；2012 年 6 月 16 日，CZ‑2F 火箭成功发射神舟九号载人飞船，中国首位女航天员进入太空，6 月 18 日我国首次实现手控交会对接。2015 年 9 月 20 日，新一代小型运载火箭 CZ‑6 成功首飞；2016 年 6 月 25 日，新一代中型运载火箭 CZ‑7 成功首飞；2016 年 11 月 3 日，新一代大型运载火箭 CZ‑5 成功首飞。2020 年 5 月 5 日，CZ‑5B 成功首飞；7 月 31 日，北斗三号全球卫星导航系统建成开通；7 月 23 日，"天问一号"火星探测器被送入预定轨道；12 月 17 日，"嫦娥五号"任务圆满成功，标志着我国航天事业发展中里程碑式的新跨越。面向未来，我国正在积极开展下一代长征系列运载火箭的研制工作，进一步提升运载能力、智能化水平、可靠性和经济性。

1.2　液体运载火箭动力系统及其发展

1.2.1　液体运载火箭动力系统作用及组成

动力系统又称推进系统，主要为航天运输系统或飞行器提供飞行动力和姿态控制力，广泛应用于各种火箭、卫星、飞船、探测器等，完成卫星发射、轨道修正、姿态控制、推进剂沉底、星球着陆/起飞等功能。动力系统的技术很大程度上决定了运载器的总体性能，是航天运输系统发展的重要支撑，决定了一个国家运载火箭的水平和能力，也决定了一个国家航天的基本规模。

动力系统是火箭中最重要的分系统之一。运载火箭主要使用液体火箭发动机作为动力，有时用固体火箭发动机作为助推器或上面级。

液体火箭动力系统主要包括火箭发动机和向发动机供应推进剂的增压输送系统。液体火箭发动机一般利用液体推进剂在燃烧室内雾化、混合、燃烧产生高温高压的燃气，经过喷管进行膨胀、加速后，以超声速喷出而产生推力。火箭发动机所用的推进剂在发动机工作前贮存在贮箱中。发动机起动后，由增压输送系统向发动机供应符合要求的推进剂，直至发动机关机。液体火箭发动机中应用最广、最有代表性的是双组元泵压式液体火箭发动机。这种发动机一般由推力室、涡轮泵、燃气发生器、自动器等组成。在液体火箭发动机中，习惯上把推进剂供应到推力室的系统称为主系统，而把推进剂供应到燃气发生器的系统称为副系统。增压输送系统一般由以下几部分组成：

1）推进剂贮箱，由燃料箱和氧化剂箱组成。

2）推进剂贮箱增压和排气系统，由增压气源、增压阀、减压器、电磁阀、保险阀、排气阀等组成。

3）推进剂加注泄出和输送系统，由加注与泄出阀、液位指示器、加注与泄出管、输送管路等组成。

4）其他部分，例如对于需要在失重状态下飞行的火箭，为了使发动机能顺利地再起动，需要推进剂管理系统；对于低温推进剂火箭，还需要有吹除、置换和预冷系统。

1.2.2　液体运载火箭动力系统发展特点

发展航天，动力先行。每一次航天推进技术的变革都直接推动着运载火箭整体方案与性能的跨越。重型运载火箭、可重复使用运载火箭、快速测试发射等领域和技术的发展均对动力系统提出了更高要求。可以预见，动力系统在任务适应性、高可靠、低成本等需求的带动下将实现跨代提升。

1.2.2.1　高可靠

根据国内外液体运载火箭及导弹的发射记录不完全统计，由于动力系统故障导致飞行故障至少占比 50%，提高动力系统可靠性既是液体运载火箭发展的顶层需求，也是动力系统自身技术进步的需要。

为进一步提高动力系统可靠性，一方面可以提高单机可靠性，不断完善发动机整机和重要增压输送组件的失效模式与影响分析，同时在功能、性能满足需求的前提下尽量简化动力系统构成、减少系统的组件个数；另一方面，对于发动机及阀门类产品的内部组件，可以采取冗余措施，以减少单点失效环节。

针对系统可靠性评估，应不断完善动力系统可靠性评估模型，辨识可靠性特征量，规范参数选取方法，并指导相关设计、生产、试验等工作。在低成本、高可靠指标的强约束下，形成合理、充分的考核试验体系，获得发动机部组件以及整机的极限工况、偏差工况下的性能等。

1.2.2.2　低成本

动力系统成本约占运载火箭总成本的三分之一。随着运载火箭低成本的需求愈发迫切，有效降低动力系统成本已成为一个重要需求。工程管理、设计、生产、装配、试验等多个环节需要紧密联合，实现动力系统成本控制，支撑运载火箭成本的降低。降低成本的措施包括批量化投产与验收交付、全三维设计制造技术、3D 打印技术等。

重复使用是降低动力系统成本的另一条有效途径，以美国为代表的航天强国在重复使用技术上已积累了丰富的经验，包括航天飞机、猎鹰 9 等。各航天大国也把重复使用作为后续航天运输系统发展的重要途径。

1.2.2.3　高性能

高性能是先进航天动力系统的重要标志，主要技术途径包括大范围推力调节、轻质高效结构设计、高比冲、多次起动、低压力（箱压、泵入口压力）下工作、推进剂交叉输送、低温推进剂深度过冷应用等。当前，这些方向仍是世界各航天国家或组织努力的目标。通过动力系统的高性能来满足运载火箭的精细化设计和高效能量转化的需求，可为全箭运载效率提升、重复使用等提供技术支撑。

1.2.2.4　易使用

相对于液体运载火箭，固体运载火箭在使用维护方面占有一定优势。随着液体运载火箭的发展，提高使用维护性已经成为液体运载火箭发展的重要目标。

为满足运载火箭先进性、经济性、可靠性等需求，动力系统的高度自动化和智能化成为必然选择。通过自动化检查测试以优化测发流程，通过实时在线故障诊断以提高任务可靠性。另外，对影响动力系统飞行成败的关键部位、组件进行智能化识别、故障隔离或修复是提高动力系统使用性能和可靠性的重要途径。增强动力系统使用维护性能对于提高全箭发射可靠性、降低发射成本等具有重要意义。动力系统在设计、生产、总装、试验等工程的各阶段均应贯彻对使用维护性能的追求，减少使用维护中的人力、物力，例如降低供配气保障要求，以适应宽压力范围，满足宽松供配气设备需求，实现自动化测试流程，缩短靶场测试时间，支撑无人值守，增强推迟发射适应能力，优化后处理流程，以支持快速再次组织发射等。

1.2.2.5 强融合

随着运载火箭向模块化、全低温、无毒无污染等方向发展，动力系统与控制系统、测量系统、箭体结构、地面测发控系统等的耦合性更加紧密。动力系统接口多，协调关系复杂，研制迭代周期长，在运载火箭研制全生命周期应持续推进总体-动力融合设计和全箭多系统协同工作。

在全箭及动力系统方案设计维度，大力推动多专业一体化设计和全箭能源共用、标准化接口，降低强耦合性的影响。同时，在组件级产品维度，积极推动全箭产品化工作，形成跨系统、跨单位的深度融合，为生产制造、测试发射流程优化提供支撑。

第 2 章　低温动力系统设计基础

液体火箭低温动力系统主要包括增压输送系统、液体火箭发动机系统、POGO 抑制等分系统，其工程设计是一个复杂的系统科学问题，涉及工程热力学、流体力学和燃烧学等基础学科。由于章节所限，本书仅阐述热力学、流体力学等学科的基础理论知识，深入的内容请参考其他相关资料。

2.1　热力学基础

热力学诞生于 19 世纪对蒸汽机的研究过程中，主要研究一个系统的宏观行为，是对自然现象的经验观察。对于微观和小尺度的相互作用，往往采用动力学来研究。

2.1.1　系统及参数定义

2.1.1.1　热力学系统

热力学系统主要指为明确研究对象，根据研究的需要，人为划定的一定空间内的物质总和。热力学系统以外的物质称为外界。系统与外界的交界面称为边界。按系统和外界之间质量和能量的交换情况可分为：

1) 闭口系统——系统与外界之间没有物质交换（封闭系统）；
2) 开口系统——系统与外界有物质交换（开放系统）；
3) 绝热系统——与外界没有热量交换的系统；
4) 孤立系统——与外界既无物质交换也无能量交换的系统。

2.1.1.2　状态和状态参数

系统的状态是指热力学系统在某一瞬间物质所呈现的全部宏观

特性。系统的状态常用一些宏观物理量来描述。这种用来描述系统状态的宏观物理量称为状态参数。工质是系统的工作介质，系统可以由工质组成。状态和状态参数是一一对应的关系。

在热力学中常用的状态参数有 6 个，即压力 p、温度 T、比体积 V、热力学能 U、焓 H 和熵 S。这些参数可分为强度参数（与系统内所含物质的数量无关的状态参数）和广延参数（与系统内所含工质的数量有关的状态参数）。如 p、T 等为强度参数，U、H、S、V 为广延参数。广延参数具有可加性。在系统中，它的和等于系统内各部分同名参数值之和。单位质量的广延参数具有强度参数的性质，称为比参数。

1）比体积：比体积是描述热力学系统内部物质分布状况的状态参数，它表明单位质量物质所占有的体积，用符号 V 表示，常用单位为 m^3/kg。

2）压力：单位面积上所受到的垂直作用力，用符号 p 表示，常用单位为 Pa。

3）温度：温度为描述热力学系统热状况的状态参数，它表示物体的冷热程度。对于气体，温度是物质分子平均运动动能的量度，用符号 T 表示，常用单位为 K。

4）比熵：比熵是由热力学第二定律导出的状态参数，它是判断过程能否进行、进行方向以及是否可逆的依据，也是量度过程的不可逆程度的物理量。微观上还是量度粒子系统混乱程度的物理量，用符号 s 表示，常用单位为 J/（kg·K）。

$$ds = \frac{dq}{T} \qquad (2-1)$$

5）比焓：表示比内能与流动功之和，用符号 h 表示，常用单位为 J/kg。

$$h = u + pV \qquad (2-2)$$

2.1.2 热力学第一定律

热力学第一定律是能量转换与守恒定律在热力学中的应用。能量转换与守恒定律是自然界的基本规律之一，它指出：自然界中的物质都具有能量，能量既不能被创造，也不能被消灭，它只能从一种形式转变为另一种形式。

2.1.2.1　系统储能

内部储存能（热力学能、内能）：指存储于系统内部的能量，只取决于系统本身状态（微观粒子运动及位置等）的能量，其由分子内能与分子位能之和决定，通常用 U 表示，常用单位为 J。

外部储存能：与系统整体运动及外界重力场有关的能量，二者合称为系统的机械能，包括宏观动能和重力位能。宏观动能是系统相对系统外的参考坐标，因宏观运动速度而具有的能量，表示为

$$E_k = \frac{1}{2}mc^2 \qquad (2-3)$$

重力位能是系统由于重力场的作用而具有的能量，表示为

$$E_p = mgz \qquad (2-4)$$

系统的总储能（总能）：为内部储存能与外部储存能之和，通常用 E 表示。

$$E = U + E_p + E_k = U + \frac{1}{2}mc^2 + mgz \qquad (2-5)$$

2.1.2.2　系统与外界传递的能量

热量：除功以外，没有物质流的系统与外界能量传递的一种形式，一般用 Q 表示，常用单位为 J。热量传递中作为推动力的强度性参数是温度。

功量：系统除温差以外的其他不平衡势差引起的系统与外界之间传递的能量，一般用 W 表示，常用单位为 J。

在能量转换与守恒定律被确立时，首先就是确立了热力学第一定律。由能量守恒原理：进入系统的能量－离开系统的能量＝系统储存能量的变化，可得到热力学第一定律的数学表达式为

$$Q - W = \Delta U \qquad (2-6)$$

式中　Q ——系统从外界吸收的热量；

W ——系统对外做的功；

ΔU ——系统热力学能的改变量。

2.1.3　热力学第二定律

热力学第一定律揭示了在热力过程中，参与转换与传递的各种能量在数量上是守恒的。但它并没有说明热力过程的方向、条件和限度，回答此问题需要热力学第二定律。热力学第二定律描述的是热的转换规律。热力学第二定律有几种等效的表述方式。

克劳修斯表述：不可能将热从低温物体传至高温物体而不引起其他变化。

开尔文表述：不可能从单一热源取热，并使之完全变为有用功而不引起其他变化。

普朗克表述：不可能制造一部机器，它在循环工作中将重物升高而同时使一热库冷却。

孤立系统熵增原理表述：一切过程总是自发地、不可逆地朝着使孤立系统熵增加的方向进行，即

$$dS_{iso} \geqslant 0 \qquad\qquad (2-7)$$

式中　　S_{iso} ——孤立系统的熵。

孤立系统熵增原理同样揭示了自然过程方向性的客观规律，任何自发的过程都是使孤立系统熵增加的过程。

2.1.4　开口系统能量状态方程

液体火箭发动机由于和外界不仅有热或功的能量交换，而且有物质交换，因此其系统更接近开口系统。一般开口系统是指控制体积可胀缩的、空间各点参数随时间而变的非稳定流动系统。对于某一开口系统，考虑能量守恒原理，即

进入系统的能量－离开系统的能量＝系统储存能量的变化

假设控制体在 t 到 $t+dt$ 时间内进行了一个微元热力过程，这段时间内从控制体进口界面流入的工质质量为 δm_{in}，由控制体出口界

面流出的工质质量为 δm_{out}。该过程中，控制体从外界热源吸收热量 δQ，同时对外做净功 δW_{net}，则开口系统微元过程的能量方程可表述为

$$\delta Q = dE_{ev} + \left(h + \frac{1}{2}c_f^2 + gz \right)_{out} \delta m_{out} - \left(h + \frac{1}{2}c_f^2 + gz \right)_{in} \delta m_{in} + \delta W_{net}$$

$$(2-8)$$

式中，dE_{ev} 为控制体储能的变化量。用传热率、功率等形式表示的开口系统能量方程为

$$\dot{Q} = \frac{dE_{ev}}{dt} + q_{m,out} \left(h + \frac{1}{2}c_f^2 + gz \right)_{out} - q_{m,in} \left(h + \frac{1}{2}c_f^2 + gz \right)_{in} + \dot{W}_{net}$$

$$(2-9)$$

以上公式是在普遍条件下导出的，对稳定流和不稳定流、可逆与不可逆过程均适用。

2.2　流体力学基础

作为力学的一个重要分支，流体力学是研究流体（液体和气体）的力学运动规律及其应用的学科。其主要研究在各种力的作用下，流体本身的静止状态和运动状态以及流体与固体壁面、流体与流体、流体与其他运动形态之间的相互作用规律。

2.2.1　主要物性参数

2.2.1.1　流体的密度

流体密度是单位体积内所含物质的多少，流体某一点处密度的定义为

$$\rho = \lim_{\Delta V \to 0} \frac{\Delta M}{\Delta V} \qquad (2-10)$$

流体密度是流体本身所固有的物理量，是随温度和压强的变化而变化的量。

2.2.1.2 流体的黏性

流体的黏性可从牛顿内摩擦定律得到

$$\tau = \mu \frac{\mathrm{d}u}{\mathrm{d}y} \qquad (2-11)$$

式中　τ —— 切应力，常用单位为 Pa；

　　　$\mathrm{d}u/\mathrm{d}y$ —— 流体的剪切变形速率；

　　　μ —— 两者之间的比例系数，又称为流体的动力黏度，常用
　　　　　单位是 Pa·s。

另外，还将 μ/ρ 的比值称为运动黏度，常用 ν 表示，其常用单位为 m^2/s。

在研究流体流动过程时，若考虑流体的黏性，则称为黏性流动，相应地称流体为黏性流体；若不考虑流体的黏性，则称为理想流体的流动，相应地称流体为理想流体。

牛顿内摩擦定律适用于空气、水、石油等绝大多数常用的流体。凡是符合切应力与速度梯度成正比、两者的关系可以用一条通过原点的直线所表示的流体称为牛顿流体，否则就称其为非牛顿流体。

2.2.1.3 流体的压缩性

流体的压缩性是指在外界条件变化时，其密度和体积发生了变化。描述流体的压缩性常用以下两个量。

（1）流体的等温压缩率

当质量为 M、体积为 V 的流体外部压强发生 Δp 的变化时，其体积也相应发生了 ΔV 的变化，则定义流体的等温压缩率为

$$\kappa_T = -\frac{\dfrac{\Delta V}{V}}{\Delta p} \qquad (2-12)$$

κ_T 的常用单位为 $1/Pa$。流体等温压缩率表示当温度不变时，每增加单位压强所产生的流体体积相对变化率。

考虑到压缩前后流体的质量不变，式（2-12）还有另外一种表示形式，即

$$\kappa_T = \frac{\mathrm{d}\rho}{\rho \mathrm{d}p} \tag{2-13}$$

将理想气体状态方程代入式（2-13），可得到理想气体的等温压缩率为

$$\kappa_T = 1/p \tag{2-14}$$

（2）流体的体积膨胀系数

当质量为 M、体积为 V 的流体温度发生 ΔT 的变化时，其体积也相应发生了 ΔV 的变化，则定义流体的体积膨胀系数为

$$\alpha_V = \frac{\dfrac{\Delta V}{V}}{\Delta T} \tag{2-15}$$

考虑到膨胀前后流体的质量不变，式（2-15）还有另外一种表示形式，即

$$\alpha_V = -\frac{\mathrm{d}\rho}{\rho \mathrm{d}T} \tag{2-16}$$

α_V 的常用单位为 $1/K$。体积膨胀系数表示当压强不变时，每增加单位温度所产生的流体体积相对变化率。对于理想气体，将气体状态方程代入式（2-16），得到

$$\alpha_V = \frac{1}{T} \tag{2-17}$$

在研究流体流动过程时，若考虑流体的压缩性，则称为可压缩流动，相应地称流体为可压缩流体。若不考虑流体的压缩性，则称为不可压缩流动，相应地称流体为不可压缩流体。

2.2.1.4   液体的表面张力

液体表面相邻两部分之间的拉应力是分子作用力的一种表现。液面上的分子受液体内部分子吸引而使液面趋于收缩，表现为液面任何两部分之间具有拉应力，称之为表面张力，其方向和液面相切，并与两部分的分界线相垂直。单位长度上的表面张力用 σ 表示，常用单位为 N/m。

2.2.2　流体运动的描述

2.2.2.1　定常流动与非定常流动

根据流体流动过程以及流动过程中的物理参数是否与时间相关，可将流动分为定常流动与非定常流动两种。

定常流动：流体流动过程中各物理量均与时间无关，这种流动称为定常流动。

非定常流动：流体流动过程中某个或某些物理量与时间有关，则这种流动称为非定常流动。

2.2.2.2　流线与迹线

常用流线和迹线来描述流体的流动。

（1）迹线

随着时间的变化，空间某一点处的流体质点在流动过程中所留下的痕迹称为迹线。在 $t=0$ 时刻，位于空间坐标 (a,b,c) 处的流体质点，其迹线方程为

$$\begin{cases} \mathrm{d}x(a,b,c,t)=u\,\mathrm{d}t \\ \mathrm{d}y(a,b,c,t)=v\,\mathrm{d}t \\ \mathrm{d}z(a,b,c,t)=w\,\mathrm{d}t \end{cases} \quad (2-18)$$

式中　u、v、w——流体质点速度的三个分量；

　　　　x、y、z——在 t 时刻此流体质点的空间位置。

（2）流线

在同一个时刻，由不同的无数个流体质点组成的一条曲线，曲线上每一点处的切线与该点处流体质点的运动方向平行，该曲线称为流线。流场在某一时刻 t 的流线方程为

$$\frac{\mathrm{d}x}{u(x,y,z,t)}=\frac{\mathrm{d}y}{v(x,y,z,t)}=\frac{\mathrm{d}z}{w(x,y,z,t)} \quad (2-19)$$

（3）流管

在流场中的一条封闭曲线上，所有流线组成的管道称为流管。

对于定常流动，流线的形状不随时间变化，而且流体质点的迹线与流线重合。实际流场中除驻点或奇点外，流线不能相交，不能突然转折。

2.2.2.3　流量与净通量

（1）流量

单位时间内流过某一控制面的流体体积称为该控制面的流量 Q，常用单位为 m^3/s。若单位时间内流过的流体是以质量计算，则称为质量流量 q_m。在曲面控制面上有

$$Q = \iint\limits_A \vec{v} \cdot \vec{n}\, dA \qquad (2-20)$$

（2）净通量

在流场中取整个封闭曲面作为控制面 A，封闭曲面内的空间称为控制体。流体经一部分控制面流入控制体，同时也有流体经另一部分控制面从控制体中流出。此时流出的流体减去流入的流体，所得出的流量称为流过全部封闭控制面的净通量（或净流量），计算式为

$$q = \oiint\limits_A \vec{v} \cdot \vec{n}\, dA \qquad (2-21)$$

对于不可压缩流体来说，流过任意封闭控制面的净通量等于 0。

2.2.2.4　有旋流动与有势流动

由柯西-亥姆霍兹速度分解定理，流体质点的运动可以分解为：

1）随同其他质点的平动；

2）自身的旋转运动；

3）自身的变形运动（拉伸变形和剪切变形）。

在流动过程中，若流体质点自身做无旋转运动，则称流动是无旋的，也就是有势的，否则就称流动是有旋流动。流体质点的旋度是一个矢量，通常用 $\vec{\omega}$ 表示为

$$\vec{\omega} = \frac{1}{2} \begin{vmatrix} \vec{i} & \vec{j} & \vec{k} \\ \dfrac{\partial}{\partial x} & \dfrac{\partial}{\partial y} & \dfrac{\partial}{\partial z} \\ u & v & w \end{vmatrix} \qquad (2-22)$$

若 $\vec{\omega}=0$，则称流动为无旋流动，即有势流动，否则就是有旋流动。无旋流动也称为有势流动，即存在一个势函数 $\varphi(x, y, z, t)$，满足

$$\nabla = \mathrm{grad}\varphi \qquad (2-23)$$

即有

$$u = \frac{\partial \varphi}{\partial x}, \ v = \frac{\partial \varphi}{\partial y}, \ w = \frac{\partial \varphi}{\partial z} \qquad (2-24)$$

流动的无旋与有势是互为充要条件的。$\vec{\omega}$ 与流体的流线或迹线形状无关；黏性流动一般为有旋流动；对于无旋流动，伯努利方程适用于流场中任意两点之间。

2.2.2.5 层流与湍流

流体的流动分为层流流动和湍流流动。从试验的角度，层流流动就是流体层与层之间相互没有任何干扰，层与层之间既没有质量的传递，也没有动量的传递；而湍流流动中层与层之间相互有干扰，而且干扰的力度还会随着流动的加速而加大，层与层之间既有质量的传递，又有动量的传递。判断流动是层流还是湍流，主要取决于雷诺数是否超过临界雷诺数。雷诺数的定义为

$$Re = \frac{\rho u L}{\mu} \qquad (2-25)$$

式中　u ——截面的平均速度；

　　　L ——特征长度；

　　　μ ——流体的黏度。

对于圆形管内流动，特征长度 L 取圆形管的直径 d。一般认为临界雷诺数为 2 000。

对于异型管道内的流动，特征长度取水力直径 d_H，则雷诺数的

计算式为

$$Re = \frac{\rho u d_H}{\mu} \frac{4A}{S} \qquad (2-26)$$

式中　A ——过流断面的面积；

　　　S ——过流断面上流体与固体接触的周长，称为湿周。

例如对于长为 a、宽为 b 的矩形截面管道，$d_H = 4ab/[2(a+b)]$。

2.2.3　流体力学控制方程

流体流动要受物理守恒定律的支配，基本的守恒规律包括：质量守恒定律、动量守恒定律和能量守恒定律。如果流动包含不同成分（组元）的混合和相互作用，系统还要遵守组分守恒定律。如果流体处于湍流状态，系统还要遵守附加的湍流运输方程。

2.2.3.1　物质导数

在欧拉观点下，流场中的物理量都是空间坐标和时间的函数，即

$$T = T(x, y, z, t)$$
$$p = p(x, y, z, t) \qquad (2-27)$$
$$\vec{v} = \vec{v}(x, y, z, t)$$

研究各物理量对时间的变化率，例如速度分量 u 对时间的变化率（全微分），则

$$\frac{du}{dt} = \frac{\partial u}{\partial t} + \frac{\partial u}{\partial x}\frac{dx}{dt} + \frac{\partial u}{\partial y}\frac{dy}{dt} + \frac{\partial u}{\partial z}\frac{dz}{dt} = \frac{\partial u}{\partial t} + u\frac{\partial u}{\partial x} + v\frac{\partial u}{\partial y} + w\frac{\partial u}{\partial z}$$

$$(2-28)$$

式中　u、v、w ——速度矢量 $\vec{v}$ 沿 x、y、z 轴的三个速度分量。

将式（2-28）中的 u 用 N 替换，代表任意物理量，则得到任意物理量 N 对时间 t 的变化率为

$$\frac{dN}{dt} = \frac{\partial N}{\partial t} + u\frac{\partial N}{\partial x} + v\frac{\partial N}{\partial y} + w\frac{\partial N}{\partial z} \qquad (2-29)$$

这就是 N 的物质导数，也称为质点导数。式（2 - 29）中等号右边第一项 $\dfrac{\partial N}{\partial t}$ 称为当地变化率；后三项 $u\dfrac{\partial N}{\partial x}+v\dfrac{\partial N}{\partial y}+w\dfrac{\partial N}{\partial z}$ 称为迁移变化率。

2.2.3.2　连续性方程

在流场中任取一封闭的空间，此空间称为控制体，其表面称为控制面。流体通过控制面 A_1 流入控制体，同时也会通过另一部分控制面 A_2 流出控制体，在这期间控制体内部的流体质量也会发生变化。按照质量守恒定律，流入的质量与流出的质量之差，应该等于控制体内部流体质量的增量，由此可导出流体流动连续性方程的积分形式为

$$\frac{\partial}{\partial t}\iiint\limits_{V_{ol}}\rho\,\mathrm{d}x\,\mathrm{d}y\,\mathrm{d}z + \oiint\limits_{A}\rho\vec{v}\cdot\vec{n}\,\mathrm{d}A = 0 \qquad (2-30)$$

式中　V_{ol} ——控制体；

　　　A ——控制面。

等式左边第一项表示控制体内部质量的增量；第二部分表示通过控制表面流入控制体的净通量。根据数学中的高斯公式，在直角坐标系下可将其转化为微分形式为

$$\frac{\partial \rho}{\partial t} + \frac{\partial(\rho u)}{\partial x} + \frac{\partial(\rho v)}{\partial y} + \frac{\partial(\rho w)}{\partial z} = 0 \qquad (2-31)$$

对于不可压缩均质流体，密度为常数，则有

$$\frac{\partial u}{\partial x} + \frac{\partial v}{\partial y} + \frac{\partial w}{\partial z} = 0 \qquad (2-32)$$

对于圆柱坐标系，其形式为

$$\frac{\partial \rho}{\partial t} + \frac{\rho\vec{v}_r}{r} + \frac{\partial(\rho\vec{v}_r)}{\partial r} + \frac{\partial(\rho\vec{v}_\theta)}{r\partial\theta} + \frac{\partial(\rho\vec{v}_z)}{\partial z} = 0 \qquad (2-33)$$

对于不可压缩均质流体，密度为常数，则有

$$\frac{\vec{v}_r}{r} + \frac{\partial\vec{v}_r}{\partial r} + \frac{\partial\vec{v}_\theta}{r\partial\theta} + \frac{\partial\vec{v}_z}{\partial z} = 0 \qquad (2-34)$$

2.2.3.3　N - S 方程（动量守恒方程）

黏性流体的运动方程首先由 Navier（纳维）在 1827 年提出，当时只考虑了不可压缩流体的流动。Poisson（泊松）在 1831 年提出可压缩流体的运动方程。Saint - Venant（圣维南）在 1843 年、Stokes（斯托克斯）在 1845 年分别独立地提出了黏性系数为常数的形式，现在都称为 Navier - Stokes（纳维－斯托克斯）方程，简称 N - S 方程。

（1）适用于可压缩黏性流体的运动方程

$$\rho\,\frac{\mathrm{d}u}{\mathrm{d}t} = \rho X - \frac{\partial p}{\partial x} + \frac{\partial}{\partial x}\left\{\mu\left[2\,\frac{\partial u}{\partial x} - \frac{2}{3}\left(\frac{\partial u}{\partial x} + \frac{\partial v}{\partial y} + \frac{\partial w}{\partial z}\right)\right]\right\} +$$

$$\frac{\partial}{\partial y}\left[\mu\left(\frac{\partial u}{\partial y} + \frac{\partial v}{\partial x}\right)\right] + \frac{\partial}{\partial z}\left[\mu\left(\frac{\partial w}{\partial x} + \frac{\partial u}{\partial z}\right)\right]$$

$$(2 - 35)$$

$$\rho\,\frac{\mathrm{d}v}{\mathrm{d}t} = \rho Y - \frac{\partial p}{\partial y} + \frac{\partial}{\partial y}\left\{\mu\left[2\,\frac{\partial v}{\partial y} - \frac{2}{3}\left(\frac{\partial u}{\partial x} + \frac{\partial v}{\partial y} + \frac{\partial w}{\partial z}\right)\right]\right\} +$$

$$\frac{\partial}{\partial z}\left[\mu\left(\frac{\partial v}{\partial z} + \frac{\partial w}{\partial y}\right)\right] + \frac{\partial}{\partial x}\left[\mu\left(\frac{\partial u}{\partial y} + \frac{\partial v}{\partial x}\right)\right]$$

$$(2 - 36)$$

$$\rho\,\frac{\mathrm{d}w}{\mathrm{d}t} = \rho Z - \frac{\partial p}{\partial z} + \frac{\partial}{\partial z}\left\{\mu\left[2\,\frac{\partial w}{\partial z} - \frac{2}{3}\left(\frac{\partial u}{\partial x} + \frac{\partial v}{\partial y} + \frac{\partial w}{\partial z}\right)\right]\right\} +$$

$$\frac{\partial}{\partial x}\left[\mu\left(\frac{\partial w}{\partial x} + \frac{\partial u}{\partial z}\right)\right] + \frac{\partial}{\partial y}\left[\mu\left(\frac{\partial v}{\partial z} + \frac{\partial w}{\partial y}\right)\right]$$

$$(2 - 37)$$

黏性系数为常数，不随坐标位置而变化条件下的矢量形式为

$$\rho\,\frac{\mathrm{d}\vec{v}}{\mathrm{d}t} = \rho\vec{f} - \mathrm{grad}\,p + \frac{\mu}{3}\,\mathrm{grad}(\mathrm{div}\,\vec{v}) + \mu\,\nabla^2\vec{v} \qquad (2 - 38)$$

流体的密度和黏性系数都是常数条件下的矢量形式，即

$$\rho\,\frac{\mathrm{d}\vec{v}}{\mathrm{d}t} = \rho\vec{f} - \mathrm{grad}\,p + \mu\,\nabla^2\vec{v} \qquad (2 - 39)$$

式中　$\vec{f}$ ——体积力。

（2）不可压缩的 N - S 方程

$$
\begin{aligned}
\frac{\mathrm{d}u}{\mathrm{d}t} &= X - \frac{1}{\rho}\frac{\partial p}{\partial x} + \nu\left(\frac{\partial^2 u}{\partial x^2} + \frac{\partial^2 u}{\partial y^2} + \frac{\partial^2 u}{\partial z^2}\right) \\
\frac{\mathrm{d}v}{\mathrm{d}t} &= Y - \frac{1}{\rho}\frac{\partial p}{\partial y} + \nu\left(\frac{\partial^2 v}{\partial x^2} + \frac{\partial^2 v}{\partial y^2} + \frac{\partial^2 v}{\partial z^2}\right) \qquad (2-40) \\
\frac{\mathrm{d}w}{\mathrm{d}t} &= Z - \frac{1}{\rho}\frac{\partial p}{\partial z} + \nu\left(\frac{\partial^2 w}{\partial x^2} + \frac{\partial^2 w}{\partial y^2} + \frac{\partial^2 w}{\partial z^2}\right)
\end{aligned}
$$

N - S 方程比较准确地描述了实际的流动，但由于其形式复杂，实际上只有极少量情况可以求出精确解，故产生了通过数值求解的研究，这也是流体力学计算的最基本的方程。

2.2.3.4　能量守恒方程

能量守恒定律是包含热交换的流动系统所必须满足的基本定律。该定律可表述为：微元体中能量的增加率等于进入微元体的净热量加上体力与面力对微元体所做的功。以温度为变量的适用于牛顿流体的能量守恒方程可写成

$$
\begin{aligned}
&\frac{\partial(\rho T)}{\partial t} + \frac{\partial(\rho u T)}{\partial x} + \frac{\partial(\rho v T)}{\partial y} + \frac{\partial(\rho w T)}{\partial z} \qquad (2-41) \\
&= \frac{\partial}{\partial x}\left(\frac{\lambda}{c_p}\frac{\partial T}{\partial x}\right) + \frac{\partial}{\partial y}\left(\frac{\lambda}{c_p}\frac{\partial T}{\partial y}\right) + \frac{\partial}{\partial z}\left(\frac{\lambda}{c_p}\frac{\partial T}{\partial z}\right) + S_r
\end{aligned}
$$

式中　c_p ——比热容；

T ——温度；

λ ——流体的热导率；

S_r ——能量源项（如流体的内热源，黏性作用引起的热耗散部分等）。

2.2.3.5　组分质量守恒方程

对于存在质量交换的系统，或者存在多种化学组分的系统，每一种组分都需要遵守组分质量守恒定律。对于一个确定的系统而言，组分质量守恒定律可表述为：系统内某种化学组分质量对时间的变化率，等于通过系统界面净扩散流量与通过化学反应产生的该组分

的生成率之和。各组分守恒方程可写为

$$\frac{\partial(\rho C_s)}{\partial t} + \frac{\partial(\rho u C_s)}{\partial x} + \frac{\partial(\rho v C_s)}{\partial y} + \frac{\partial(\rho w C_s)}{\partial z}$$

$$= \frac{\partial}{\partial x}\left(D_s \frac{\partial(\rho C_s)}{\partial x}\right) + \frac{\partial}{\partial y}\left(D_s \frac{\partial(\rho C_s)}{\partial y}\right) + \frac{\partial}{\partial z}\left(D_s \frac{\partial(\rho C_s)}{\partial z}\right) + S_s$$

$$(2-42)$$

式中　C_s——组分 s 的体积浓度；

　　　ρC_s——该组分的质量浓度；

　　　D_s——该组分的扩散系数；

　　　S_s——系统内部单位时间内单位体积通过化学反应产生的该组分的质量，即组分生成率。

各组分的质量守恒方程之和实际就是连续方程。

2.2.3.6　控制方程的通用形式

比较上述流体力学的控制方程，尽管在方程中的因变量各不相同，但它们均反映了单位时间、单位体积内物理量的守恒性质，从形式上可统一表示为

$$\frac{\partial(\rho\phi)}{\partial t} + \frac{\partial(\rho u\phi)}{\partial x} + \frac{\partial(\rho v\phi)}{\partial y} + \frac{\partial(\rho w\phi)}{\partial z}$$

$$= \frac{\partial}{\partial x}\left(\Gamma \frac{\partial\phi}{\partial x}\right) + \frac{\partial}{\partial y}\left(\Gamma \frac{\partial\phi}{\partial y}\right) + \frac{\partial}{\partial z}\left(\Gamma \frac{\partial\phi}{\partial z}\right) + S$$

$$(2-43)$$

式中　ϕ——通用变量，可以代表 u、v、w、T 等求解变量；

　　　Γ——广义扩散系数；

　　　S——广义源项。

上述通用控制形式最大的好处在于进行计算流体力学编程时可统一形式。

2.2.4　可压缩气体流体

液体火箭发动机中的流动可以通过一维气体等熵流动进行简要的分析和初步设计。本节对一维等熵流动进行简要描述。

2.2.4.1 声速

当把流体视为可压缩流体时，扰动波在流体中的传播速度称为声速。声速方程式的微分形式为

$$c = \sqrt{\frac{\mathrm{d}p}{\mathrm{d}\rho}} \tag{2-44}$$

声速在气体中的传播过程是一个等熵过程。将等熵方程式 $p = C_0 \rho^k$ 代入式（2-44），并由理想气体状态方程 $p = \rho RT$，得到声速方程为

$$c = \sqrt{kRT} \tag{2-45}$$

式中 k ——气体比热比；

R ——气体常数；

T ——气体温度。

2.2.4.2 马赫数与马赫锥

（1）马赫数

流体流动速度 v 与当地声速 c 之比称为马赫数，用 Ma 表示为

$$Ma = \frac{v}{c} \tag{2-46}$$

$Ma < 1$ 的流动称为亚声速流动，$Ma > 1$ 的流动称为超声速流动。

（2）马赫锥

对于超声速流动，扰动波传播范围只能充满一个锥形的空间，这就是马赫锥，其半锥角 θ 称为马赫角。

$$\sin\theta = \frac{1}{Ma} \tag{2-47}$$

马赫锥的母线也称为马赫波。

2.2.4.3 速度系数

（1）临界参数

流场中速度达到当地声速的点上的各物理量称为临界参数，用

上标 "*" 表示，如 T^*、p^*、ρ^* 等。

（2）速度系数的定义

速度系数的定义为

$$\beta = \frac{v}{c^*} \tag{2-48}$$

式中　c^*——临界声速。

马赫数与速度系数的关系式为

$$Ma = \beta \left(\frac{k+1}{2} - \frac{k-1}{2}\beta^2 \right)^{-1/2} \tag{2-49}$$

马赫数与速度系数的区别在于马赫数是局部参数，而速度系数则是全局性参数。

2.2.4.4　一维等熵流动

（1）理想气体流动基本方程

运动方程：$\dfrac{\mathrm{d}p}{\rho} + v\mathrm{d}v = 0$

等熵方程：$p = C_0\rho^k$

状态方程：$p = \rho RT$

连续方程：$\rho vA = \dot{m}$

（2）可压缩流动的伯努利方程

将等熵过程关系式代入运动方程，积分得到

$$\frac{k}{k-1} \frac{p}{\rho} + \frac{v^2}{2} = C \tag{2-50}$$

此式为可压缩气体流动的伯努利方程。式中 k 为气体的等熵指数，对于空气来说，$k = 1.4$。方程式的物理意义是沿流线单位质量流体的总能量守恒，故方程也称为能量守恒方程式。

（3）等熵滞止关系式

滞止参数：流场中速度为 0 的点上的各物理量称为滞止参数，用下标 "0" 表示，如滞止温度 T_0、滞止压强 p_0、滞止密度 ρ_0 等。

等熵流动基本关系式：流动参数和滞止参数及马赫数之间的基

本关系为

$$\frac{T_0}{T} = \left(1 + \frac{k-1}{2}Ma^2\right) \tag{2-51}$$

$$\frac{\rho_0}{\rho} = \left(1 + \frac{k-1}{2}Ma^2\right)^{\frac{1}{k-1}} \tag{2-52}$$

$$\frac{p_0}{p} = \left(1 + \frac{k-1}{2}Ma^2\right)^{\frac{k}{k-1}} \tag{2-53}$$

（4）临界参数

马赫数达到 1 时的流动参数称为临界参数。基本关系式为

$$
\begin{aligned}
\frac{a^*}{a_0} &= \left(\frac{2}{k+1}\right)^{\frac{1}{2}} \\
\frac{T^*}{T_0} &= \left(\frac{2}{k+1}\right) \\
\frac{p^*}{p_0} &= \left(\frac{2}{k+1}\right)^{\frac{k}{k-1}} \\
\frac{\rho^*}{\rho_0} &= \left(\frac{2}{k+1}\right)^{\frac{1}{k-1}}
\end{aligned}
\tag{2-54}
$$

（5）极限状态（最大速度状态）

在 $T=0$ 的断面上，速度达到最大值 $u_{\max}$，相当于把所有的能量都转换为动能，此时有

$$u_{\max} = \sqrt{\frac{2k}{k-1}\frac{p_0}{\rho_0}} = \sqrt{\frac{2}{k-1}kRT_0} \tag{2-55}$$

（6）截面面积变化对流动的影响

当通道的截面面积发生变化时，流动速度以及其他流动参数要随着发生变化，这个变化方向（变大还是变小）与 Ma 密切相关。

连续性方程为

$$\frac{\mathrm{d}\rho}{\rho} + \frac{\mathrm{d}v}{v} + \frac{\mathrm{d}A}{A} = 0 \tag{2-56}$$

运动方程为

$$\frac{\mathrm{d}p}{\rho} + v\,\mathrm{d}v = 0$$

$$\frac{\mathrm{d}p}{\rho v^2} + \frac{\mathrm{d}v}{v} = 0 \tag{2-57}$$

等熵过程关系为

$$p = Co\rho^k \tag{2-58}$$

联立以上方程，得到

$$\frac{\mathrm{d}v}{v} = \frac{1}{Ma^2 - 1}\frac{\mathrm{d}A}{A} \tag{2-59}$$

$$\frac{\mathrm{d}\rho}{\rho} = -Ma^2\frac{\mathrm{d}v}{v} = \frac{Ma^2}{1 - Ma^2}\frac{\mathrm{d}A}{A} \tag{2-60}$$

2.2.5 两相及多相流体

2.2.5.1 流动分类

两相流主要指必须同时考虑物质两相共存且具有明显相界面的混合物流动力学关系的特殊流动问题。在不同的学科中，根据研究对象的不同特点，对相各有特定的说明。比如物理学中，单相物质的流动称为单相流，两种混合均匀的气体或液体的流动也属于单相流。同时存在两种及两种以上相态的物质混合体的流动就是两相流或多相流。在多相流动力学中，所谓的相不仅按物质的状态来区分，而且按化学组成、尺寸和形状等来区分，即不同的化学组成、不同尺寸和不同形状的物质都可能归属不同的相。在两相研究中，把物质分为连续介质和离散介质。因为颗粒相可以是不同物态、不同化学组成、不同尺寸或不同形状的颗粒，这样定义的两相流不仅包含了多相流动力学中所研究的流动，而且把复杂的流动概括为两相流动，使问题得到简化。此外还有动力学意义上的相及物理上的相。常见的两相流及多相流主要有如下几种，其中以两相流最为普遍，主要有：

（1）气液两相流

气体和液体物质混合在一起流动称为气液两相流。它又可以分为单组分工质气液两相流和双组分工质气液两相流，前者气、液两相都具有相同的化学成分，后者则是两相各有不同的化学成分。

（2）气固两相流

气体和固体颗粒混合在一起流动称为气固两相流。严格地说，固体颗粒没有流动性，不能做流体处理。但当流体中存在大量固体小粒子流时，如果流体的流动速度足够大，这些固体粒子的特性与普通流体类似，即可以认为这些固体颗粒为拟流体，在适当的条件下当作流体流动来处理。

（3）液固两相流

液体和固体颗粒混合在一起的流动称为液固两相流，如工程大量使用的水力输送等。

（4）液液两相流

两种互不相溶的液体混合在一起的流动称为液液两相流。油田开采与地面集输、化工过程中的乳浊液流动、物质提纯和萃取过程中大量的液液混合物流动均为液液两相流的工程实例。

（5）气液固多相流

气体、液体和固体颗粒混合在一起的流动称为气液固三相流；气体和两种不能均匀混合、互不相溶的液体混合物在一起的流动称为气液液三相流；两种不能均匀混合、互不相溶的液体与固体颗粒混合在一起的流动称为液液固三相流。

2.2.5.2　多相流的研究和处理方法

与普通流体动力学类似，研究两相流问题的方法可以分为理论研究和试验研究两方面。由于许多两相流动现象、机理和过程目前还不很清楚，许多工程设计都只能依靠大量观察和测量建立起来的经验关系式，因此，试验研究与测量在两相流领域目前仍占据着无可替代的首要地位。

从理论分析方法来看，仍然存在微观和宏观两种观点。从宏观观点分析两相流的方法又可以分为三类。

（1）扩散模型法

扩散模型法即假定相互扩散作用是连续进行的，其基本观点是：两相流混合物中的每一点都同时被两相所占据；混合物的热力学和输运特性取决于各相的特性和浓度；各相以自己的质量速度中心移动，相间相互扩散作用反映在模型内。

（2）有限容积法

假定过程处于平衡状态，可用平衡方程式进行描述，基本方法是：认为流动是一维的；对一个有限容积写出质量、动量和能量守恒方程；守恒方程既可按混合物写出，也可按单独相列出。

（3）平均法

假定过程处于平衡状态，用平均的守恒方程进行描述。

2.3　低温流体传热传质

2.3.1　低温流体特性

低温推进剂（如液氢、液氧、甲烷等）有着高比冲的优势，液氢/液氧低温推进剂是目前性能最高的化学推进剂。但因低温推进剂沸点低、极易蒸发、表面张力小、难以存储等因素限制了高能低温推进剂长时间在轨使用的进程。液氢、液氧的主要物理化学性质见表 2-1。

表 2-1　液氢、液氧的主要物理化学性质

项目	液氢	液氧
相对分子质量/(g/mol)	2.016	32.00
沸点/K	20.38	90.17
冰点/K	13.947	54.75
密度/(kg/m³)	70.813(20.4 K)	1 141(90 K)
黏度/(Pa·s)	0.014×10^{-3}(20.4 K)	0.19×10^{-3}(90 K)

续表

项目	液氢	液氧
汽化热/(kJ/kg)	443	213
比定压热容/[J/(kg·K)](标准大气压下)	9.69(20.4 K)	1.71(90 K)
氢在空气中可燃浓度(体积分数,%)	4~75	—
氢在空气中爆轰浓度(体积分数,%)	18.3~59	—

2.3.2　传热与传质

2.3.2.1　热传导

傅里叶定律:单位时间内通过单位面积所传递的能量,正比于当地垂直于截面方向上的温度变化率,即

$$q = -\lambda \frac{\partial T}{\partial x} \tag{2-61}$$

式中　q ——热流密度;

　　　λ ——热导率。

对一维导热问题,直接使用傅里叶定律就可以解决。但对于三维问题,必须在获得温度场的数学表达式后才能由傅里叶定律求出空间的热流密度。这时,联立能量方程和傅里叶导热方程,就可以得到三维非稳态导热微分方程,即

$$\rho c_p \frac{\partial T}{\partial t} = \frac{\partial}{\partial x}\left(\lambda \frac{\partial T}{\partial x}\right) + \frac{\partial}{\partial y}\left(\lambda \frac{\partial T}{\partial y}\right) + \frac{\partial}{\partial z}\left(\lambda \frac{\partial T}{\partial z}\right) + q_{in} \tag{2-62}$$

式中　q_{in} ——内热源热流。

当热导率为常数、无内热源并且为稳态导热时,式(2-62)就简化成了拉普拉斯方程

$$\frac{\partial^2 T}{\partial x^2} + \frac{\partial^2 T}{\partial y^2} + \frac{\partial^2 T}{\partial z^2} = \nabla^2 T = 0 \tag{2-63}$$

2.3.2.2　热对流

当流体流过固体壁面时,由于流体的流动产生的与固体壁面间

的热交换称为对流换热。同时运动着的流体质点（相对于分子运动来说是宏观的运动），会以内能的形式来传递热量。这种能量的传递方式称为热对流。因此，在流体中换热通常是由对流和传导的相互作用引起的。这种由传导和对流综合作用下的热交换简称为对流换热。

对流换热研究的基础是牛顿冷却定律，其表达式为

$$q = h \Delta T = h \left(T_{\mathrm{w}} - T_{\mathrm{f}} \right) \tag{2-64}$$

式中　h ——表面传热系数 $\left[\mathrm{W/} \left(\mathrm{m}^2 \cdot \mathrm{K} \right) \right]$；

　　　T_{w} ——壁面温度；

　　　T_{f} ——液膜温度。

研究对流换热就是获得表面传热系数的过程。工程上常用无量纲传热系数努塞尔数（Nu）来求解表面传热系数。

$$Nu = \frac{hx}{\lambda} \tag{2-65}$$

式中　λ ——流体热导率；

　　　x ——特征长度。

（1）自然对流换热

自然对流是由于流场温度分布不均匀导致的密度不均匀分布，在重力场的作用下产生浮升力而引起的流体运动过程。而自然对流换热则是流体与固体壁面之间因温度不同引起的自然对流时发生的热量交换过程。自然对流中常用的无量纲参数为格拉晓夫数 Gr，其物理意义反映了流体温差引起的浮升力与其黏性力之比。

$$Gr = \frac{g \alpha l^3 \Delta T}{\nu^2} \tag{2-66}$$

自然对流换热计算常用形式为

$$Nu = C \left(GrPr \right)^n \tag{2-67}$$

式中，C、n 值一般通过试验确定，针对不同的自然对流换热问题，有不同的表达式和取值。

（2）强迫对流换热

强迫对流中最重要的无量纲参数为雷诺数 Re，其物理意义反映了流体惯性力与黏性力之比。强迫对流换热计算常用形式为

$$Nu = CRe^m Pr^n \qquad (2-68)$$

式中，C、m、n 值一般通过试验确定，针对不同的强迫对流换热问题，有不同的表达式和取值。例如，管内强迫对流换热最广泛应用的是迪图斯-贝尔特公式，即

$$Nu = 0.023Re^{0.8} Pr^n \qquad (2-69)$$

其中，当加热流体时，$n=0.4$；当冷却流体时，$n=0.3$。

（3）凝结换热

对流换热也包括液体受热沸腾、蒸汽遇冷凝结，其特点是有潜热的释放或吸收，换热过程更复杂。蒸汽与低于饱和温度的壁面接触时会产生两种不同形式的凝结——膜状凝结和珠状凝结。膜状凝结的表面传热系数远大于珠状凝结，因此，一般都只讨论膜状凝结。水平圆管的蒸汽层流膜状凝结解析解是

$$Nu = 0.729 \left[\frac{gd^3}{\nu^2} \frac{\gamma}{c_p(T_s - T_w)} \frac{\mu c_p}{\lambda} \right]^{\frac{1}{4}} = 0.729 \left[GaJaPr \right]^{\frac{1}{4}}$$

$$(2-70)$$

式中　d —— 圆管内径；

　　　γ —— 潜热；

　　　ν —— 运动黏度；

　　　c_p —— 比热容；

　　　λ —— 热导率；

　　　T_w —— 壁面温度；

　　　T_s —— 液膜温度。

伽利略数 Ga 是重力与黏性力之比，Ja 是显热与潜热之比。

$$Ga = \frac{gd^3}{\nu^2}, Ja = \frac{\gamma}{c_p(T_s - T_w)} \qquad (2-71)$$

对于湍流膜状凝结，其换热一般采用试验关联式计算，即

$$Nu = Ga^{\frac{1}{3}} \frac{Re}{58 Pr^{-\frac{1}{2}} \left(\dfrac{Pr_{\mathrm{w}}}{Pr_{\mathrm{s}}}\right)^{\frac{-1}{4}} (Re^{\frac{3}{4}} - 253) + 9\,200} \qquad (2-72)$$

其中，Pr_{w} 用壁温 T_{w} 计算，其余量用温度 T_{s} 计算。

（4）沸腾换热

沸腾换热是指温度高于沸点的壁面与液体之间的换热过程。气泡沸腾换热的机理包括以下几个方面：

1）气泡生成后潜热的传递。它与气泡发泡点的数目和生成速率（频率）有关，称为气泡置换传热。

2）气泡脱离时引起的冷热液体置换传热，称为液液置换传热。

3）气泡脱离运动中，边界层流体的扰动称为微对流传热。

沸腾传热受置换与对流两种因素控制。

（a）池内沸腾

随着壁面加热热流的增加，液体过热度的升高，依次发生核态沸腾、过渡沸腾和膜态沸腾。核态沸腾和过渡沸腾交界处的热流密度峰值称为临界热流密度（CHF），又称烧毁点。一般通过控制热流密度和控制壁面过热度避免越过该点。

（b）管内沸腾

管内沸腾比较复杂，是典型的两相流动。它与池内沸腾不同的是，介质的流动不是因为受热促成的，流速可高可低。从传热的机理来看，在发生沸腾的热边界层中，传热主要与气泡的行为有关，边界层中的介质（液体）大部分处于饱和状态，气泡的液膜则处于过热状态。可能经历从液相流到泡状流、块状流、环状流，再到气相流的过程，其最主要的影响因素是含气量（即蒸汽干度）、质量流量和压力。

（c）沸腾换热计算

影响核态沸腾的因素主要是过热度和汽化核心数，而汽化核心数由表面材料、表面状况、压力等因素决定，所以沸腾换热的情况也比较复杂。对于大容器饱和核态沸腾、膜态沸腾，通常使用试验关联式。对于水的大容器饱和核态沸腾，通常推荐采用米海耶夫公式（压力范围：$10^5 \sim 4 \times 10^6$ Pa）。

$$h = C \Delta T^{2.33} p^{0.5} \qquad (2-73)$$

式中，C 一般取 0.122。

2.3.2.3　热辐射

热辐射是当受激分子或原子的能级发生变化时释放出光子能量束的能量传递。所有物质都以辐射的形式放射出能量，并且同时也吸收这种辐射能量。由于热辐射不需要任何载体，其是真空中唯一的传热方式，辐射传热对空间飞行器动力系统来说尤其重要。

黑体辐射：黑体是可以全部吸收投射于其表面的辐射能的介质，吸收率为 1。黑体单色辐射强度为

$$i_{\lambda,b} = \frac{2c_1}{\lambda^5 \left(e^{\frac{c_2}{\lambda T}} - 1 \right)} \qquad (2-74)$$

式中　λ——波长；

　　　c_1、c_2——常数。

对式（2-74）进行所有波长、空间所有方向上的积分，可以得到总辐射能 e_b 为

$$e_b = \sigma T^4 \qquad (2-75)$$

式（2-75）即为著名的斯忒藩-玻耳兹曼定律，其中 $\sigma = 5.670\,51 \times 10^{-8}$ W/（m^2·K^4），为斯忒藩-玻耳兹曼常量。

工程上，处于环境温度 T_∞ 下的物体所受辐射热流的计算公式为

$$q = \varepsilon \sigma (T_\infty^4 - T^4) \qquad (2-76)$$

2.4　微重力

重力是体积力，它作用于所有重力场中的物质，不论流体还是固体。重力作用主要表现在宏观过程中，分子间或原子间的相互作用力比重力要强得多，控制着微尺度过程。在微重力环境中浮力对

流消失或极大地减弱了。

（1）微重力环境

微重力代表一种受力环境，即在该环境中的有效重力水平极低。微重力科学研究微重力环境中的科学规律，它实际上是物理学、化学、生命科学等各学科在微重力环境这种特定条件下的延伸。微重力流体科学就是研究流体介质（液体、气体、等离子体）在微重力环境中运动规律的科学。

微重力环境是近地轨道飞行器中存在的环境，随着人类空间活动的日益频繁，微重力研究成为研究的热点。常用 g_e/g_0 来度量参考系的重力水平，将 $g_e/g_0 = o(10^{-6})$ 的环境称为微重力环境。

（2）微重力下的相界面现象

在两相（如液体与其饱和蒸气）的交界面上，流体会由于浸润或者温度差、浓度差等作用引发界面力的作用，在微尺度或微重力环境中相界面的现象更为明显。由于接触相中不同分子间的相互作用，其结果会出现一个指向其中一相内部的合力。在气液分界面上，形成的合力指向液体内部，与液体的压力平衡，决定界面形状。通常情况下，液体表面呈现出表面积收缩的倾向。

流体由运动的分子组成，范德华力使其相互吸引。在一种流体的内部，时间平均的分子吸引力是各向同性的。在固体、液体和气体中任何两相交界面的两侧，不同物质具有不同的密度和结构。交界面附近的数量级为分子间距的尺度上会形成物质的密度、能量和熵各向异性场。界面会在引力梯度的作用下向作用力大的一侧产生收缩趋势。这种垂直作用在单位长度界面上、使表面积收缩的力称为表面张力。由拉普拉斯公式确定

$$p_2 - p_1 = -\sigma\left(\frac{1}{R_1} + \frac{1}{R_2}\right) \tag{2-77}$$

对于固液气三相交界面，有三个表面张力作用，即润湿现象。接近固体表面的气-液交界面表面呈弯月形，弯月面与固体相交的线称为润湿周长。交点处固体润湿表面和弯月面液体侧之间的夹角 θ

称为接触角（见图 2 - 1）。

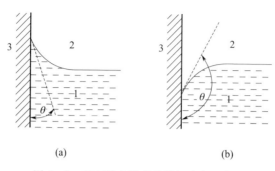

（a）　　　　　　　　　　　　　　（b）

图 2 - 1　表面张力形成的附加应力示意图

对于二维、平衡静止的弯月面，在接触线上作用的三个表面张力在竖直固壁上相平衡，即得到三相平衡杨-杜普雷公式（又称润湿方程）

$$\cos\theta = \frac{\sigma_{23} - \sigma_{13}}{\sigma_{12}} \qquad (2-78)$$

式中，1、2、3 分别代表液相、气相和固相。

表面张力的作用会随着温度变化，对大多数液体而言，温度越高，表面张力越小。重力（惯性力）作用引起的静压与表面控制作用共同控制着流体界面的形状和行为。随着重力的减弱，界面处可能形成并维持大面积弯曲的平衡界面，使得毛细现象特别突出。重力和表面张力的相对重要性对流体界面形状的影响可以用静邦德数 Bo 来衡量，即

$$Bo = \frac{(\rho_{L} - \rho_{G})gL^{2}}{\sigma} \qquad (2-79)$$

式中　ρ_{L}、ρ_{G}、g、L、σ——液相密度、气相密度、重力加速度、
　　　　　　　　　　　　　　特征尺度和界面的表面张力。

液体火箭贮箱气液界面的静稳定性可以使用 Bo 来衡量，$Bo = 0.84$ 称为表征毛细稳定性的临界邦德数。当邦德数 $Bo \leqslant 0.84$ 时，毛细力占主导地位。在很多液体动力系统的设计中都需要了解微重

力环境下的液体行为。当毛细作用占主导地位时，液体表面高度弯曲，并且贮箱结构对液体界面形状影响非常大。气液界面的形状反映了贮箱形状和内部管理结构对液体的影响，合理地布置内部的管理装置可以更好地控制气液界面的形状。

2.5　燃烧理论基础

燃烧过程是物理和化学现象的综合过程，它是在一定条件下进行的具有放热和发光现象的剧烈氧化还原反应。当前典型的液体火箭发动机是将推进剂化学能转化为机械能的装置。该过程中推进剂经混合燃烧生成的燃气经拉瓦尔喷管加速喷射出箭体，从而产生推力。燃烧是动力系统设计中重要的内容。

2.5.1　概述

（1）标准生成焓

化合物在标准状态（298 K，1 atm[①]）下，从其构成元素的自然（或单质）状态形成 1 mol 化合物时，所生成的热量，用 Δh_{f298}^0 表示，常用单位为 kJ/mol。所有元素以其自然状态存在时，标准生成焓都等于 0 kJ/mol。

（2）显焓

当物质温度偏离标准温度（即 298 K）时所造成的物质的焓值变化称为显焓，记为 Δh_s。

（3）绝对焓

绝对焓即为物质的标准生成焓与显焓之和。在考虑等压绝热燃烧系统时，通常认为燃烧前所有反应物的绝对焓等于燃烧后所有生成物的绝对焓。

---

① 1 atm=1.013 25×10⁵ Pa。

（4）反应焓

反应焓指某一封闭系统经历一个等压燃烧过程，且系统的最终温度与初始温度值相同，系统内的化合物（或单质）反应形成生成物过程中放出或吸收的热量。

（5）燃料热值

燃料热值指单位燃料完全燃烧时所释放出来的热量，它等于相应的燃料质量燃烧时的反应焓的负值，常用单位为 kJ/kg 或 kJ/mol。

2.5.2　燃烧过程及分类

燃烧常以有火焰和无火焰两种方式进行。其火焰可以分为预混火焰和扩散火焰。预混火焰中，有明显的化学反应发生之前燃料与氧化剂就达到分子水平上的混合。在扩散火焰中，反应物开始是分开的，反应只发生在燃料与氧化剂的交界面上，在这一交界面上混合与燃烧同时发生。在液体火箭发动机推力室中的燃烧，既有预混火焰，又有扩散火焰。

（1）丹姆克尔数 Da

丹姆克尔数是燃烧中一个很重要的参数。其基本含义是流体流动特征时间或混合时间与化学特征时间的比值。

$$Da = \frac{流动特征时间}{化学特征时间} = \frac{\tau_{flow}}{\tau_{chem}} \qquad (2-80)$$

当 Da 远大于1，即当化学反应速率比流动混合速度快很多时，燃烧主要由燃料的混合控制，燃烧更多表现出扩散火焰的特性。当 Da 远小于1，即当化学反应速率比流动混合速度慢很多时，燃烧主要由化学反应速率控制。

（2）燃烧化学动力学

燃烧化学动力学主要研究反应进行的具体途径和过程变化的速率。反应速率的快慢主要由化学反应的内在机理决定。所谓"反应机理"，就是将一个复杂反应按其反应进行的历程分解成一系列"基元反应"的组合，或者说形成实际复杂反应的所有基元反应的集合，称为该复杂反应的反应机理。其中基元反应是指反应物通过一步碰撞就能完成的反应。相应地，把由多个基元反应构成的实际复杂反应称为总体反应。

（3）阿伦尼乌斯方程

化学反应速率随温度的升高而增大，主要不在于分子平均平动速度的增大，而在于活化分子数的增多。常用阿伦尼乌斯（Arrhenius）方程表征

$$k = A e^{-E_a/(RT)} \qquad (2-81)$$

式中　E_a——活化能，常用单位为 kJ/mol；

　　　A——指前因子；

　　　R——理想气体常数；

　　　T——反应温度。

2.5.3　液体燃烧分区

液体火箭发动机中的燃烧是燃烧与流动的复杂耦合系统。其复杂主要体现在以下几个方面：

1）液体火箭发动机的燃烧包含不同类型、不同特性、不同时间尺度与空间尺度的物理-化学过程，并且这些过程之间存在强烈的耦合关系。

2）推力室中，特别是喷注器附近存在很大的推进剂浓度梯度、温度梯度等，造成了极其复杂的喷雾-燃烧流场。

3）液体火箭发动机推力室中易激发不同频率的不稳定燃烧，从而给发动机结构、发动机工作性能带来很大的影响。

利用高速摄影等技术对发动机喷雾燃烧过程进行观察研究，其整个流场可以定性地分成几个特征区域，如图 2-2 所示。

（1）喷射雾化区

此区域主要是推进剂射流破碎雾化的区域。此区域的流场结构与喷注器的类型密切相关。目前常用的喷注器有同轴剪切式喷嘴、

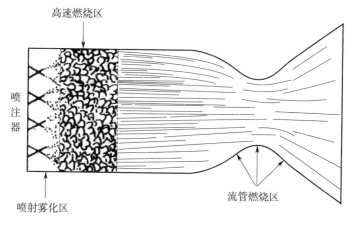

图 2-2 液体火箭发动机喷雾燃烧流场分区

旋流离心式喷嘴、针栓式喷嘴和撞击式喷嘴等。图 2-3 给出了典型的气氢/液氧同轴剪切式喷注器雾化区域。液氧喷注在周围高速气氢的剪切作用下破碎成大液团和二次雾化的小液滴。液滴生成后，被高温气体包围，蒸发速率会显著增加，同时燃料蒸气和氧化剂蒸气开始发生化学反应，这时转入下一区域。

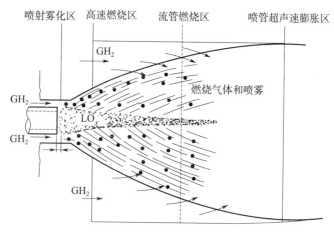

图 2-3 气氢/液氧同轴剪切式喷注器雾化区域

（2）高速燃烧区

在这个区域里，液体推进剂射流完全雾化，并且高速雾化、掺混并反应生成燃气。喷雾燃烧流场中径向、周向进行质量、动量和能量的交换，同时也促进了燃烧产物的生成，最终导致燃气轴向加速和燃气从高速燃烧区向低速燃烧区的横向流动和向雾化区的回流。因此，该区域的流场具有显著的三维特性。但是，随着喷雾燃烧过程的进行，燃气在轴向不断地加速，横向流动速度与之相比越来越小。这时，燃烧进入下一区域。

（3）流管燃烧区

该区域中喷雾燃烧气体的横向流动可以忽略不计，其主要在发动机轴线方向进行剧烈的燃烧反应和流动。由于燃气速度很高，推进剂在燃烧室内的停留时间很短（毫秒级）。高速摄影表明，该区域湍流交换不明显，流动近似层流特性。

（4）喷管超声速膨胀区

随着燃气在喷管内的膨胀，由于压力、温度等状态参数的进一步降低，可认为此区域中的蒸发和燃烧忽略不计，整个喷管超声速段可近似认为冻结流，其能量损失主要考虑边界层损失和离解燃气的化学弛豫。

第3章 低温动力系统总体设计

3.1 设计范畴

低温动力系统总体设计主要包括依据火箭总体要求进行动力系统总体方案研究，提出发动机设计任务书和设计协调，进行 POGO 抑制设计、增压输送系统总体设计、推进剂贮箱增压计算、推进剂管理设计、地面加注及供配气总体设计等，并向分系统提出动力装置结构设计及接口控制要求，提出动力装置系统测发设备技术要求；提出动力系统设计所需要的试验方案、组织或参加试验，并对试验结果进行分析，编写火箭测发细则并参加飞行试验任务等；为运载火箭提供功能完备、性能满足要求、与外系统协调的动力系统。

低温动力系统总体设计典型的工作项目如图 3-1 所示。

3.2 系统特点

本节重点介绍液体火箭低温增压输送系统的特点，低温液体火箭发动机将在第 4 章介绍。

增压输送系统的功用是将贮箱中的推进剂按一定的流量和压力协调地输送到发动机入口，保证发动机能正常起动、进入额定工作状态并按要求及时关机，它是动力系统的重要组成部分。它的主要功能有以下几点：

1）确保发动机起动及飞行中所需的推进剂流量和泵或燃烧室需要的低压力；

2）维持火箭贮箱薄壁结构载荷所需要的内压，保证足够的结构强度和刚度；

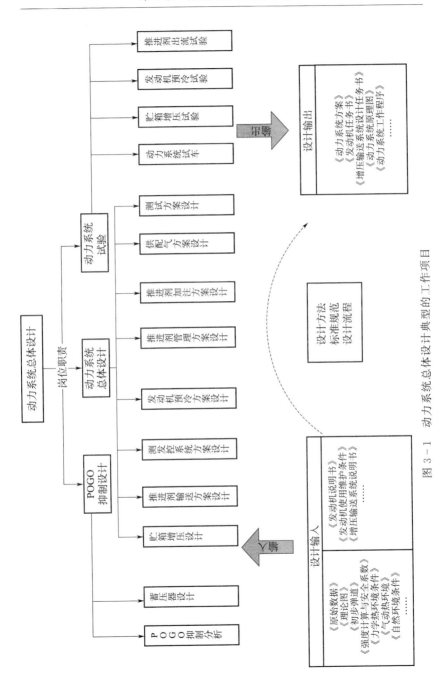

图 3 - 1 动力系统总体设计典型的工作项目

　　3）提供火箭动力系统的推进剂加注、泄出、排放、排气与安全保障。

　　液体运载火箭因其任务、用途提出不同的关于推力值、工作时间和工作状态的要求，因而组成的增压输送方法和动力系统的总体方案有很大的不同。动力系统的应用形式种类繁多，其增压输送系统也多种多样。目前，推进剂输送系统主要包括两大类，即挤压式与泵压式。挤压式输送系统是用挤压气体将推进剂从贮箱挤到发动机推力室。由于贮箱增压压力较高，贮箱及供应管道壁厚较大，增压气体量较多，系统质量较大，系统效率较低。但这种系统结构比较简单、工作可靠，适合于总冲量不大的动力系统。泵压式输送系统是利用涡轮泵将推进剂从贮箱抽出，通过推进剂泵将推进剂压力提高后送到推力室。除贮箱、输送管、增压系统等共同部分外，泵压式输送系统中的主要部件还有涡轮泵和燃气发生器。在泵压式系统中，贮箱所需增压压力较低（一般不超过 0.5 MPa），贮箱和输送管壁厚较小，增压气体量较少。与挤压式系统相比，泵压式系统质量小、性能好、系统效率高。

3.3　设计原则

3.3.1　总则

　　依据运载火箭总体的设计原则和思路，低温增压输送系统设计时应遵循以下原则：

　　1）全面满足火箭总体对动力系统的设计要求，如自动化测试、对最低发射条件的制约等；

　　2）坚持火箭总体确定的设计原则，如模块化、系列化、组合化等原则；

　　3）坚持火箭总体确定的发展原则和发展思路，如无毒无污染、低成本、高可靠、适应性强、安全性好的发展原则和总体发展思路；

　　4）坚持发展性和继承性相结合的设计原则，充分借鉴和利用国内外现有先进火箭的先进技术，同时结合现有技术基础；

　　5）系统应可靠、简单、使用维护方便，满足自动化测试操作的需求；

　　6）在确保箭上设备可靠性的前提下兼顾地面设备的设计难度，尽可能地降低箭地连接难度，减少箭地连接解锁的工作量，提高连接器解锁脱落的可靠性，简化测试发射工作程序，确保火箭点火起飞的可靠性和安全性；

　　7）能满足火箭动力系统在工厂、技术中心、发射中心测试及射前等各阶段测试发射工作的需求。

3.3.2　工程研制准则

　　1）按质量体系要求以及型号总体研制要求等制定研制流程，严格按型号研制流程开展研制；

　　2）确定研制的技术关键和攻关重点，制定各研制阶段专题计划，确保整个研制工作按步骤有计划地进行；

　　3）把握全局观念，结合各动力系统内部各分系统的实际情况，在满足火箭总体技术要求的前提下实现分系统的设计最优；

　　4）加强动力总体设计与控制系统、测量系统、箭体结构等分系统之间相互接口关系协调。

3.3.3　"三化"设计准则

　　1）动力系统总体设计时，在兼顾系统总体性能满足要求的前提下，要充分考虑火箭总体对模块化、组合化、系列化的要求，尽量减少组件的种类和数量，降低设计生产成本；

　　2）增压输送系统设计时，要提高接口（电气接口和机械接口）的标准化程度，尽量使用标准件，降低设计生产成本；

　　3）提高动力系统测试使用的设备通用性，降低配套成本。

3.3.4　经济性准则

　　1）动力系统总体方案论证选择时应充分考虑其经济性，将经济性作为评定方案优劣的一项重要指标；

2）动力总体设计方案必须明确降低成本的措施；

3）动力系统总体设计在研制过程中应加强数字化设计、虚拟仿真技术的应用，提高试验有效性和成功率，减少试验重复次数。

3.3.5　高可靠性准则

1）执行火箭总体对动力系统的可靠性设计指标分配，设计、研制和试验必须落实运载火箭可靠性大纲的要求，在方案设计上提高系统可靠性；

2）设计过程中切实贯彻简洁设计思想，在保证功能和总体要求的前提下，避免可有可无的设计；

3）在各研制阶段，要按照有关标准要求，开展动力系统故障模式及失效后果分析（FMEA）的工作，确定关键件、重要件、关键工艺清单；

4）对影响成败的可靠性关键项目和可靠性薄弱环节，应采用必要的冗余技术，从系统设计上采取必要的可靠性措施，以避免单纯依赖元器件、单机和部组件很难达到高可靠性指标要求。对无法冗余或备份的系统，应采取必要的措施（提高设计余量），避免和减少由于单点失效产生的灾难性后果。

3.3.6　技术继承性与先进性准则

1）在满足设计指标要求的前提下，充分继承现有型号的研制成果及成熟技术；

2）正确处理技术继承和创新的关系，既要重点解决现有火箭中存在的问题，又要充分考虑运载技术的可持续发展能力；

3）提高（改进）设计手段和方法，积极推动数字样机技术及虚拟演示验证技术在各研制阶段的应用。

3.3.7　安全性准则

1）贯彻运载火箭安全性大纲的要求，系统进行安全性分析，确定安全性关键系统或部位，评价各种危险的严重性、可能性等；

2）系统应通过设计消除已判定的危险或减少有关的风险，从系统设计之初就采取切实手段，以减少在使用和维护过程中人为差错导致的风险；

3）制定和健全动力系统箭上及地面设备安全操作规程，确保人员、产品、设施等的安全；

4）制定详细、可操作的异常现象处理预案，对重要预案进行先期验证。

3.4　研制阶段

按照型号研制的传统和惯例，型号的动力系统总体工程研制流程一般可以分成方案设计阶段、初样设计阶段和试样设计阶段。

根据任务需求，在方案阶段之前还可能设置可行性论证阶段，重点配合运载火箭总体论证动力系统技术方案、技术参数、技术途径，预估研制周期和经费，提出工程实施所需的支撑性条件和需求。

3.4.1　方案设计阶段

方案设计阶段是在预先研究和可行性论证成果的基础上，根据火箭总体对动力系统的要求和已确定的其他指标要求，通过对多种方案和技术途径的论证、比较，筛选总体和分系统方案，并对贮箱增压系统、推进剂输送系统、管路、活门等各分系统进行模样设计和原理性试验，经试验验证确定出最佳方案。

3.4.2　初样设计阶段

初样设计阶段就是把方案设计阶段理论上设想的方案变为实际的样机，并对方案进行验证和比较，为试样提供准确的设计依据。在这一阶段，管路、阀门等产品要根据总体的初步设计要求进行初样设计、生产和试验，同时依据分系统的方案和配套的单机进行初步设计和总体初样试验。根据试验结果进行参数协调，修改优化原设计方案，作为试样设计的依据。

3.4.3 试样设计阶段

试样设计阶段是对初样设计阶段的设计和生产进行修改后，提供飞行试验检验的产品。这个阶段，总体和各分系统进行试样设计、计算、试制，并对试样产品进行单机、分系统和全箭的综合匹配试验、地面试验和飞行试验，对火箭的性能进行全面的鉴定。

3.5 设计方法

低温动力系统总体设计方法主要包括理论分析、数值计算和试验研究，三者相互补充，不可或缺。试验研究始终是认识低温动力系统特性的重要手段，尽一切努力做到"以飞行状态参试、以试验状态飞行"是试验研究的基本原则。试验边界要尽量模拟飞行条件，包括压力、温度、流速、热环境、振动条件等。在地面试验研究中，大尺寸低温流动可视化及飞行过载模拟存在一定的技术难度，但是开展真实介质的增压输送系统试验项目十分有必要，并基于试验现象分析内部机理，实现与数值仿真的互补。

由于低温动力系统多涉及低温、高压、大转速、易燃易爆等特性，试验研究一般具有经费需求大、试验周期长、可视化程度低、测量方法有限等约束。伴随着计算机能力和仿真方法的不断完善，数值计算在低温动力系统研制过程中扮演着越来越重要的角色，尤其是低温气液两相流动与传热传质、燃烧稳定性、转子动力学等方向。

具体设计方法将在后续章节进行详细介绍。

第4章 低温液体火箭发动机

4.1 概述

4.1.1 液体火箭发动机基本组成

火箭发动机是采用飞行器自身携带的推进剂作为工质的喷气发动机，通过能量转换，将不同形式的能源能量通过燃烧或其他方式转化为工质的动能，并通过高速射流排出而产生推力。由于火箭发动机不受外界环境条件和飞行器速度的限制，能在大气层内或大气层以外的空间工作，并使飞行器速度达到很高的马赫数，火箭发动机是唯一可用作空间飞行的大推力动力装置。

火箭发动机通常可按照所用能源的形式分类，如核火箭发动机、电火箭发动机和化学火箭发动机等。化学火箭发动机采用化学推进剂作为能源和工质，按照所使用的推进剂的不同物态分类，可分为液体推进剂火箭发动机、固体推进剂火箭发动机和固—液混合推进剂火箭发动机。

液体火箭发动机通常使用的推进剂是双组元液体推进剂和单组元液体推进剂。双组元推进剂由分开贮存的氧化剂和燃料组成，应用最为广泛。单组元推进剂在常规状态下是稳定的，而在加热或与催化剂接触时能急剧分解放热，生成高温燃气。一般单组元推进剂的比冲较低，通常应用于总冲较小的辅助动力系统。

液体推进剂按其贮存性能又可分为可贮存推进剂和低温推进剂。可贮存推进剂在常温常压下呈液态，能长期贮存。低温推进剂由于易挥发的特性不适于长期贮存。双组元推进剂还可按其化学性质分为自燃推进剂和非自燃推进剂。

对于采用低温推进剂的液体火箭发动机,由于推进剂沸点低、容易汽化,除了必须采取严格的隔热措施以减少对推进剂的传热以外,还需设置吹除和预冷系统。在发动机起动之前,先用惰性气体对发动机的管路、阀门和容腔等进行吹除,防止低温推进剂在起动过程中将空气中的氧和水蒸气等固化而导致阀门失灵或与液氢接触而爆炸。同时需要对发动机进行预冷,使低温推进剂以液态进入泵中,保证发动机起动可靠。

空间飞行器发动机要求在高真空和微重力的空间环境中可靠工作,并具有多次起动和脉冲工作的能力。当空间发动机在失重条件下工作时,液体推进剂会在贮箱内产生悬浮运动,并可能与增压气体相混而影响推进剂的正常供应。为此,通常在推进剂贮箱内设置柔性胶囊、金属波纹管或表面张力筛等装置,将液体推进剂与增压气体分隔开,保证液体推进剂按照要求正常供应。

4.1.2　世界主要液体火箭发动机

本节仅对部分火箭的主发动机进行简要介绍,要想详细了解,可以参考相关文献资料。

(1) RD-107/RD-108

RD-107 和 RD-108 发动机由苏联动力机械科研生产联合体(NPO Energomash)研制,并成功应用于 R-7 火箭将卫星号人造卫星送入太空。动力机械科研生产联合体之后又为质子火箭设计了 RD-253 发动机,给能源号设计了 RD-170 发动机。

RD-108 工作时能产生约 736 kN 的推力(真空下约 942 kN),燃烧时间为 304 s;RD-107 的推力和燃烧时间分别为 814 kN 和 122 s。这两种发动机使用液氧/煤油推进剂,主要技术参数见表 4-1。

表 4 - 1　RD - 107 火箭发动机和 RD - 108 火箭发动机的技术参数

RD - 107 火箭发动机		RD - 108 火箭发动机	
真空推力	992 kN	真空推力	997 kN
海平面推力	821 kN	海平面推力	746 kN
真空比冲	315 s	真空比冲	315 s
海平面比冲	257 s	海平面比冲	248 s
燃烧时间	118 s	燃烧时间	286 s
质量	1 200 kg	质量	1 400 kg
燃烧室数	4	燃烧室数	4
燃烧室压力	5.85 MPa	燃烧室压力	5.1 MPa
联盟 U 助推级		联盟 U 第一级	

（2）RD - 253/RD - 171/RD - 170

质子 K 系列火箭的第一级采用了 RD - 253 发动机。RD - 253 的研制工作开始于 1961 年，于 1963 年完成。RD - 253 采用了四氧化二氮/偏二甲肼作为推进剂，火箭第一级有 6 台 RD - 253 发动机，分别捆绑在中央大氧化剂贮箱周围，6 台发动机中的每一台都有自己的燃料贮箱。第一级与第二级的发动机都安装在铰链支架上，可使控制火箭的能量损耗最小。

能源号与天顶号采用了 RD - 170/RD - 171 型高压补燃液氧/煤油发动机（见图 4 - 1 和图 4 - 2）。能源号火箭的助推器使用 RD - 170，天顶号火箭则使用 RD - 171。两者的区别在于，RD - 170 的推力矢量喷管只能沿一个方向轴摆动，RD - 171 的喷管则可以沿两个方向轴摆动。

RD - 171/RD - 170 发动机和 RD - 253 发动机的技术参数见表 4 - 2。

图 4 - 1　RD - 170 火箭发动机

图 4 - 2　RD - 171 火箭发动机

表 4 - 2　RD - 171/RD - 170 发动机和 RD - 253 发动机的技术参数

RD - 171		RD - 170		RD - 253	
真空推力	7 903 kN	真空推力	7 887 kN	真空推力	1 635 kN
海平面推力	7550 kN	海平面推力	7 550 kN	海平面推力	1 474 kN
真空比冲	338 s	真空比冲	337 s	真空比冲	316 s

续表

RD – 171		RD – 170		RD – 253	
海平面比冲	309 s	海平面比冲	309 s	海平面比冲	285 s
燃烧时间	150 s	燃烧时间	150 s	燃烧时间	130 s
燃烧室数	4	燃烧室数	4	燃烧室数	1
燃烧室压力	24.5 MPa	燃烧室压力	24.5 MPa	燃烧室压力	1.52 MPa
天顶号		能源号		质子 K	

（3）RD – 180/RD – 191

RD – 180 是俄罗斯的一款双燃烧室双喷管火箭发动机（见图 4 – 3），由 RD – 170 系列衍生而来。与 RD – 170 相同，RD – 180 也采用共用涡轮泵方案。RD – 191 液氧/煤油火箭发动机是 RD – 170/180 发动机家族的改型（见图 4 – 4）。RD – 191 发动机用途广泛，既可以用作火箭第一级，也可用作第二级。

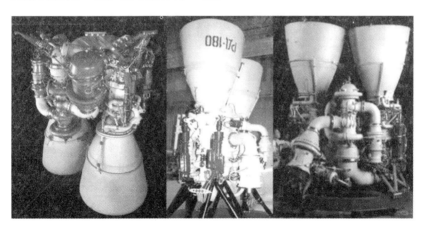

图 4 – 3　RD – 180 火箭发动机

RD – 180 火箭发动机和 RD – 191 火箭发动机的技术参数见表 4 – 3。

图 4 - 4　RD - 191 火箭发动机

表 4 - 3　RD - 180 火箭发动机和 RD - 191 火箭发动机的技术参数

RD - 180 火箭发动机		RD - 191 火箭发动机	
真空推力	4 150 kN	真空推力	2 090 kN
真空比冲	338 s	海平面推力	1 920 kN
海平面比冲	311 s	真空比冲	337 s
质量	5 480 kg	海平面比冲	310.7 s
直径	3. 15 m	燃烧室压力	3 746 psi
长度	3. 56 m	高度	4 000 mm
燃烧室数	2 个	直径	1 450 mm
燃烧室压力	3 722 psia(25.7 MPa)	质量	2 200 kg
宇宙神 5 第一级		安加拉系列	

（4）RD - 0120/SSME

RD - 0120 是大推力氢氧发动机（见图 4 - 5），能源号火箭芯级采用了 4 台 RD - 0120 作为动力装置。每台发动机的真空推力为 200 t 级，真空比冲 455 s。它与美国航天飞机主发动机水平相当。

图 4 - 5　RD - 0120 火箭发动机

　　SSME（Space Shuttle Main Engine，SSME，航天飞机主发动机）是普惠公司的洛克达因分部为航天飞机设计的主发动机（见图 4 - 6）。SSME 是一款系统复杂的动力装置，以外贮箱中的液氢/液氧为推进剂。每台发动机在起飞时能提供大约 1.8 MN 的推力。SSME 的推力可以在 67%～109%范围内调节。

图 4 - 6　航天飞机主发动机

4.1.3　液体火箭发动机发展趋势

液体运载火箭技术的发展不断推动着动力系统的技术进步，动力系统从发动机到增压输送系统，性能不断提高，门类逐步丰富，使用维护性日益友好。随着一次性运载火箭的理念升级、重复使用运载火箭的逐步成熟，世界范围内液体运载火箭动力系统呈现出新的、更为深刻的发展态势。结合现阶段世界航天发展情况，未来航天领域动力系统的主要发展趋势有以下几点：

1）大推力液体火箭发动机是航天强国的重要标志，美国、俄罗斯均具备 400 t 级及以上推力发动机的设计和生产能力，并且持续开展多款大推力新型发动机的研制工作。

2）各国主力运载火箭基础级主动力模式和发动机技术具有明显的继承性和延续性，均在已有基础上不断改进完善、提升性能和可靠性、降低成本、简化制造。例如 RS - 68 是对 SSME 基于低成本原则的继承性创新改制；Vulcain 系列发动机在保持发生器循环的基础上不断提高推力、降低成本；LE 系列发动机从 LE - 5 到 LE - 9 性能持续提升；俄罗斯发动机以高压补燃循环方式为主导，基于 RD - 170 的成果逐步衍生出 RD - 180、RD - 191、RD - 171MV 等多型产品，形成 200 t 级、400 t 级、800 t 级推力的基础级发动机型谱。

3）基础级 200 t 级推力成为当前各国发动机研制的重点和热点，包括 RD - 191、LE - 9、Raptor、BE - 4、AR1 等，循环方式上均采用高效率的补燃循环或膨胀循环。其原因在于，基于 200 t 级主动力，通过不同的模块组合方案，可构建覆盖不同轨道、不同运载能力需求的运载火箭系列，使用灵活，同时也降低了发动机研制成本和研制难度。

4）大推力氢氧发动机完全新研需要投入大量的人力、财力和物力，新研型号不宜过多。自 RS - 68 后世界范围内已近 20 年无新研产品，且 RD - 0120 已经退役，仅 SSME 的改进型用于 SLS 基础级。大推力氢氧发动机的研制要充分考虑继承性和技术的可持续发展。

4.2　发动机系统及其性能

4.2.1　火箭发动机系统

低温液体火箭发动机主要由推力室、涡轮泵、燃气发生器、阀门和调节器等组件组成，这些组件按照设计要求进行研制，并且按照严格的次序彼此联系起来形成一个有机整体，以完成其规定的功能。

推力室是将液体推进剂的化学能转化为喷气动能并产生推力的组件，一般由喷注器、燃烧室和喷管等组成。液体推进剂以规定的流量和混合比通过喷注器喷入燃烧室，经过雾化、蒸发、混合和燃烧等过程生成燃烧产物，然后在喷管内膨胀加速，形成超声速气流从喷管排出而产生推力。此外，当使用非自燃推进剂时，在推力室头部还设置点火装置，在发动机起动时用来点燃推进剂。在有些发动机推力室内还装有隔板或声腔等燃烧稳定装置。

推进剂供应系统的功用是将液体推进剂按要求从贮箱输送到推力室，通常有挤压式和泵压式两种。挤压式供应系统是用高压气瓶的惰性气体（氮气、氦气等）或其他气源引入推进剂贮箱，将贮箱内的推进剂挤压到推力室。泵压式供应系统是用涡轮泵将贮箱内的推进剂抽吸到推力室，通常由涡轮泵、燃气发生器和火药起动器等组成。涡轮泵是涡轮和推进剂泵的组合装置，其中还包括轴承、密封件和齿轮等。氧化剂泵和燃料泵通常由涡轮驱动，或者通过齿轮传动。为了防止泵在工作中发生汽蚀，必须对推进剂贮箱增压，以提高泵的入口压力，或者在主泵前设置诱导轮或增压泵来提高泵的抗气蚀性能。涡轮的工质由燃气发生器或其他气源提供。燃气发生器的结构与推力室类似，但其燃气温度较低，以防涡轮叶片损坏。在发动机起动时，用火药起动器生成的燃气来驱动涡轮，也可用其他方式起动，如高压气体。

阀门和调节器是对发动机的工作程序和工作参数进行控制和调

节的组件。在推进剂和气体的输送管路中装备的各种阀门，按预定
程序开启或关闭，实施对发动机的起动、主级和关机等工作过程的
程序控制。发动机的工作参数（如推力、流量和混合比等）通过推
力调节器、混合比调节器、节流圈和汽蚀管进行调节和控制。

总装元件是将发动机各主要组件组装成整台发动机所需的各种
部件的总称，包括推力架、常平座、摇摆软管、换热器等。常平座
是使发动机能围绕其转轴摆动的承力机构。通过发动机的单向或双
向摇摆，进行推力矢量控制，为飞行器提供俯仰、偏航和滚动的控
制力矩。摇摆软管是一种柔性补偿导管组件，使发动机能实现摇摆，
并同时保证推进剂的正常输送。机架用于安装发动机和传递推力。
在有些发动机系统中还设置有推进剂混合比调节元件，通过系统的
调节来保证氧化剂和燃料同时耗尽，从而降低混合比偏差等因素对
运载能力的影响。

发动机的各组件之间以及发动机和运载火箭之间存在着相互作
用和相互依赖的关系，这就要求系统设计者进行权衡，使各组成部
分最大限度地相互适应，从而使发动机综合性能最优。

4.2.2　发动机系统分析

液体火箭发动机的研制过程必须充分掌握发动机的系统特性，
包括静态特性和动态特性，工程上主要通过系统仿真分析以及试验
研究进行研制。在液体火箭发动机工作过程中，内外干扰因素始终
存在，当干扰因素发生变化时，发动机参数便平衡在一个新的状态。
在不同稳定状态下，发动机各参数之间或者发动机各参数与干扰因
素之间的关系称为静特性。

发动机的静特性主要由各组件的静特性决定，组件静特性采用
数学方程描述，方程的个数与描述发动机系统的复杂程度有关。对
泵压式发动机，组件的静特性方程大约有几十个，甚至上百个，而
且大部分方程式都是非线性的。这样的方程组变量多，结构复杂，
直接求解相对困难。但随着计算机技术的发展，目前液体火箭发动

机静特性仿真已取得很大进展。工程上常用小偏差方法，即将发动机组件的非线性静特性方程组及发动机系统平衡方程转化为线性方程组。转化后的线性方程组，叫作小偏差方程组。在研究小偏差方程时，做以下两条假设：

1）发动机参数和各干扰因素的偏差与额定值相比是较小的，即偏差量是小量；

2）线性叠加原理是适用的，可以单独研究每个干扰因素的影响，然后把每个干扰因素的影响线性叠加。例如

$$y = f(x_1, x_2, x_3, \cdots) \tag{4-1}$$

$$\delta y = \frac{\partial y}{\partial x_1} \delta x_1 + \frac{\partial y}{\partial x_2} \delta x_2 + \frac{\partial y}{\partial x_3} \delta x_3 + \cdots \tag{4-2}$$

采用小偏差法能够使计算过程简化，在干扰因素变化量不大的条件下，计算误差在允许的范围内，因而常被采用。通过求解各组件的小偏差方程组，可得到发动机的小偏差方程。工程上，发动机对全箭性能的影响，主要体现在推力、比冲或质量流量、混合比上。对于推力和混合比

$$\begin{cases} \delta F = \sum_{i=1}^{n} a_i \Delta x_i \\ \delta r_{me} = \sum_{i=1}^{n} b_i \Delta x_i \end{cases} \tag{4-3}$$

式中　δF，δr_{me}——发动机推力和混合比的变化量；

　　　a_i，b_i——影响系数；

　　　Δx_i——内部或外部干扰因素的变化量。

内部干扰因素通常是无法预先获取变化规律的随机变量，外部干扰因素通常能够测定出它的变化量。按照误差传递原理，对随机变量和非随机变量的处理方法是不相同的。假设在 n 个干扰因素中，有 m 个随机变量，$(n-m)$ 个非随机变量，则应将以上两个计算式改写成如下形式，即

$$\begin{cases} \delta F = \sqrt{\sum_{i=1}^{m} (a_i \Delta x_i)^2} + \sum_{i=1}^{n-m} a_i \Delta x_i \\ \delta r_{me} = \sqrt{\sum_{i=1}^{m} (b_i \Delta x_i)^2} \sum_{i=1}^{n-m} b_i \Delta x_i \end{cases} \qquad (4-4)$$

工程上，发动机小偏差方程有以下用途：

（1）性能换算

当大气压力、推进剂组元密度、泵入口压力偏离设计值时，发动机性能便从一种工况变化到另一种工况。把发动机性能修正到标准外界条件时的数值称为参数换算值。在评价发动机性能时，应该使用换算值。例如发动机试车时已经测量获得大气压力、推进剂密度和泵入口压力，通过计算偏差量并代入小偏差方程，可得出这些干扰因素对推力和混合比的影响，即

$$\begin{cases} \delta F = a_{p_a} \Delta p_a + a_{p_o} \Delta p_o + a_{p_f} \Delta p_f + a_{p_{ipo}} \Delta p_{ipo} + a_{p_{ipf}} \Delta p_{ipf} \\ \delta r_{me} = b_{p_a} \Delta p_a + b_{p_o} \Delta p_o + b_{p_f} \Delta p_f + b_{p_{ipo}} \Delta p_{ipo} + b_{p_{ipf}} \Delta p_{ipf} \end{cases}$$

$$(4-5)$$

进一步，得到推力和混合比的换算值，即

$$\begin{aligned} F_a &= F_m - \delta F \\ r_{mep} &= r_{mem} - \delta r_{me} \end{aligned} \qquad (4-6)$$

式中　　F_m，r_{mem}——推力和混合比的测量值。

（2）试车结果分析

在地面试车中，推力和混合比往往需要进行大范围考核验证。同时，故障状态下发动机参数也可能超出了正常的范围。通过获得的试车结果，结合发动机性能方程，能够对故障定位进行仿真分析及验证。

（3）指导发动机质量控制

小偏差方程始终贯穿于发动机的研制过程。在方案论证阶段，可利用小偏差方程来比较各种调节方案的调节精度，获得发动机系统的敏感组件及环节，并指导生产制造过程加以控制。在初样或试样研制阶段，可利用发动机小偏差方程将主要参数的偏差分配给各

组件，作为组件设计、生产、试验过程中的质量控制依据。

4.3　发动机对火箭总体性能影响

液体火箭发动机的主要参数中，推力、比冲、混合比对火箭运载能力等性能有重大影响。

（1）推力

发动机推力主要由推力室产生，部分发动机还包括涡轮排气管等组件产生的推力。发动机总推力大小的选择主要取决于发动机起动时运载火箭总质量、火箭允许的最大加速度。对于单台发动机的推力大小，在论证时要充分考虑技术能力、可靠性要求、研制周期和经费等因素。

（2）比冲和密度比冲

发动机比冲定义为发动机推力与发动机流量的比值。发动机密度比冲定义为发动机比冲与推进剂折合密度的乘积，即

$$I_{sde} = I_{se}\rho_p \qquad\qquad (4-7)$$

$$\rho_p = \frac{\rho_0\rho_f(1+r_{me})}{\rho_0 + r_{me}\rho_f} \qquad\qquad (4-8)$$

式中　ρ_p——推进剂折合密度；

r_{me}——发动机混合比；

ρ_0——氧化剂密度；

ρ_f——燃烧剂密度。

当贮箱容积一定时，发动机密度比冲越大，则获得的总冲量也越大。

（3）混合比

对于双组元发动机，发动机混合比定义为发动机氧化剂质量流量和燃料质量流量之比。在工程上，需要注意的是对于燃气发生器循环发动机，发动机混合比和推力室混合比是不同的。同时，采用自生增压的贮箱增压系统，还要考虑氧化剂或燃料的增压流量对混合比的影响。

第 5 章　低温推进剂系统

5.1　系统设计特点

液体火箭推进剂主要包括液体燃料、液体氧化剂和液体单组元推进剂。根据图 5-1 所示不同推进剂组合对应的理论比冲，低温推进剂一般具有较优的比冲性能。因此，一直以来液氧/液氢、液氧/煤油等低温推进剂在运载火箭中被普遍使用。

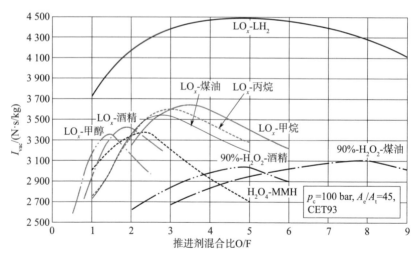

图 5-1　不同推进剂组合理论真空比冲

相对于常温推进剂，低温推进剂由于低温、易挥发等特性也带来了许多特定的方案设计和使用维护问题。例如，发动机起动前要进行预冷，以避免推进剂以气液两相状态存在于泵中而导致涡轮泵失速；贮箱和推进剂输送管路需要采取严格的绝热措施；贮箱加注前要进行置换，以避免空气及其含有的水蒸气等在低温下固化形成多余物；贮箱排放过程需要设置气封吹除，以防止冷抽吸；管路布局要充分考虑常温和低温下的结构变形协调等。总之，采用低温推进剂的动力系统在设计、使用过程中要充分考虑推进剂的该特性所带来的影响。

5.2　低温火箭发动机预冷

低温火箭发动机起动前必须对发动机及其输送管路进行充分预冷。如不预冷或预冷不充分，管路及泵组件的温度就要比液体推进剂的温度高。当发动机起动时，推进剂以气相或气、液两相混合流体的状态进入管路和泵等组件。在这种条件下会引起泵的汽蚀、飞转，或延长起动时间和推力爬升的时间，且引起压力和流量的波动、富氧燃烧等现象，严重情况会使起动过程失败。

目前，国内外低温火箭采用的预冷方式主要可以分为浸泡预冷、排放预冷和循环预冷三种。其中，循环预冷又分为自然循环预冷和强迫循环预冷。我国新一代液体运载火箭采用全低温动力系统，在充分继承我国现役火箭预冷方案的基础上，均采用了以循环预冷为主的预冷方案，大幅提高了火箭的发射可靠性、安全性，简化发射流程。

5.2.1　预冷方式

预冷方式可分为浸泡预冷、排放预冷和循环预冷。

浸泡预冷就是直接使用低温推进剂依靠局部自然对流对涡轮泵系统进行冷却的一种方式（见图 5-2），由于受外界因素影响较大，是一种被动预冷方式。浸泡预冷由于其预冷效果有限，一般适用于系统相对简化的小推力发动机，或者作为其他预冷方案的辅助预冷措施。

排放预冷是通过直接排放低温推进剂对涡轮泵系统进行预冷的

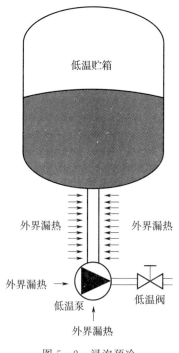

图 5-2　浸泡预冷

一种方式，根据使用的驱动力可分为依靠自身液位高度的自流排放预冷和依靠外加压力的增压排放预冷（见图 5-3）。前者是一种被动预冷，受系统特性、外界条件等因素影响较大；后者为主动预冷方式，具有较强的适应性，但对射前流程和推进剂消耗量影响比较大。排放预冷系统相对简单，在地面试车时多采用该方案。

　　循环预冷可分为自然循环预冷和强迫循环预冷（见图 5-4），是根据需要在泵后设置预冷管路，使之形成预冷循环回路，从而达到预冷要求的一种方式。自然循环预冷是通过外界漏热导致低温推进剂密度差形成循环回流，其流动特性由外界条件和系统管路特性决定，属于被动预冷方式。强迫循环预冷在回流路或者入口管路上设置动力装置，如气体注入装置（引射循环预冷）或者循环泵，通过外能源输入强迫系统内形成循环流动，是一种主动预冷方式。

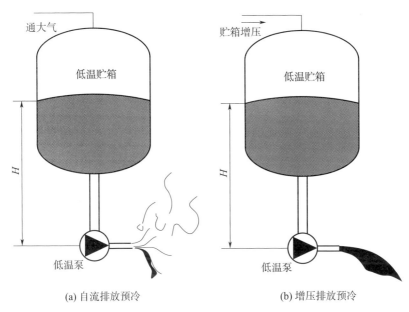

(a) 自流排放预冷　　　　　　　　　(b) 增压排放预冷

图 5-3　排放预冷

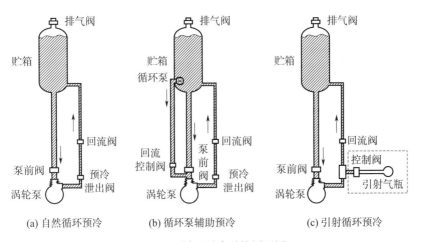

(a) 自然循环预冷　　　(b) 循环泵辅助预冷　　　(c) 引射循环预冷

图 5-4　循环预冷系统原理图

5.2.2　预冷方式比较

通过对三种预冷方式的特点进行比较（见表 5 - 1），可以看出，浸泡预冷一般发动机很难适应，因此其应用可行性最小，但一旦满足，其在各方面都具有较为明显的优势。循环预冷除了增加箭上系统的复杂度外，在预冷效果、射前流程等方面都具有较为明显的优势。

表 5 - 1　预冷方式的比较

项目	循环预冷	排放预冷	浸泡预冷
箭地连接关系	简单。无需排放连接器和地面排放管路，但需提供气体或者供电	复杂。需要设置排放连接器和地面排放管路	简单。无需排放连接器和地面排放管路
推进剂消耗	较小	较大	较小
射前操作程序	在推进剂补加、射前增压期间可保持循环预冷，操作程序简单	与增压、预冷、卸压等过程耦合，操作程序复杂	在推进剂补加、射前增压期间可保持循环预冷，操作程序简单
箭上系统	复杂	简单	最简单
推迟发射适应能力	适应性好	适应性差	适应性好
预冷条件满足能力	主动预冷，容易满足	主动预冷，容易满足	仅适用于特定系统方案

5.2.3　主要运载火箭预冷方式

表 5 - 2 给出的是世界主要运载火箭的预冷方式，可以看出循环预冷技术得到了较为广泛的应用。

表 5 - 2　世界主要运载火箭的预冷方式

火箭	低温级	推进剂组合	预冷方式
土星 V	S - I C	液氧/煤油	O₂:循环预冷
	S - II	液氢/液氧	O₂:自然循环＋氦引射循环预冷 H₂:循环泵预冷
	S - IV B	液氢/液氧	O₂:循环泵预冷 H₂:循环泵预冷
航天飞机	—	液氢/液氧	O₂:排放预冷 H₂:循环泵预冷
阿里安 5	一级	液氢/液氧	排放预冷
	低温上面级	液氢/液氧	排放预冷
德尔塔中型	一级	液氢/液氧	循环预冷
	上面级	液氢/液氧	循环预冷
宇宙神 V 400	通用芯级	液氧/煤油	循环预冷
	半人马座上面级	液氢/液氧	循环预冷
H - IIA	第一级	液氢/液氧	长时间小流量排放预冷
	上面级	液氢/液氧	长时间小流量排放预冷
安加拉	通用芯级	液氧/煤油	循环预冷
	第二级	液氧/煤油	循环预冷
	KVRB 上面级	液氢/液氧	地面循环预冷、天上排放预冷

5.2.4　发动机预冷方式需考虑的因素

低温液体火箭发动机预冷方式的选择受限于射前流程复杂性、发动机预冷好条件、研制经费与周期等。工程上，预冷方式需结合以下一些因素综合分析：

1) 发动机预冷好条件；

2) 对射前流程的影响和适应性；

3) 对推迟发射的影响和适应性；

4) 对箭地关系的影响和适应性；

5) 发动机任务剖面特性。

5.2.4.1　发动机预冷好条件

发动机预冷好条件主要指泵的结构温度、发动机入口或出口的推进剂温度等，是预冷方式最重要的决定性因素。发动机预冷好条件不仅决定了预冷方案的选择，而且直接决定了相应的地面操作复杂程度。

目前常用的三种预冷方式，如果浸泡预冷能满足发动机预冷要求，那么无论是从哪个方面来讲都可以得到简化；反之，则需要在排放预冷和循环预冷之间按既定的原则进行选择和权衡。

5.2.4.2　对射前流程的影响和适应性

不同的预冷方案其射前操作流程不尽相同。一般来讲，采用大流量排放预冷较为复杂，其余依次为小流量排放、循环预冷和浸泡预冷。由于小流量排放预冷、自然循环预冷和浸泡预冷属于被动预冷，其预冷效果受外界因素的影响较大，很难直接保证预冷效果。而大流量排放预冷和强迫循环预冷为主动预冷，因此只需通过调整系统的流量、压力等参数，就能够直接保证预冷要求。同时，大流量排放预冷不仅和箭上系统特性相关，而且和地面系统联系紧密，需要对排放的推进剂进行安全处理。而循环预冷则主要和箭上系统相关，预冷过程与地面系统非紧密耦合，射前流程适应性更好。

5.2.4.3　对推迟发射的影响和适应性

推迟发射描述的是火箭对发射中出现故障后的适应能力，是决定预冷方式的重要因素之一。不同预冷方式对推迟发射的影响集中体现在火箭允许用于推迟发射消耗的推进剂量上。从一般意义上来讲，在满足发动机预冷要求的基础上，浸泡预冷具有最好的推迟发射适应性，其次为循环预冷、小流量排放预冷，大流量排放预冷最差。

5.2.4.4　对箭地关系的影响和适应性

发动机预冷方式既影响箭地设备的复杂性，同时也受箭地接口的约束。例如，采用液氢推进剂的动力系统如在点火前采用排放预冷，则一方面要在地面设置燃烧池等安全处理系统，另一方面在箭地接口上需要有适用于液氢的气液连接器。

5.2.4.5 发动机任务剖面特性

预冷方案的选择往往和发动机承担的具体任务紧密相关，即使是相同的发动机用在不同的任务下，其预冷方式也可能相同。例如对于地面起动和真空起动的同一型号发动机，地面起动时可采用循环预冷，以提高全箭的任务适应性和推迟发射能力，而真空起动工作时如果采用外能源驱动的循环预冷，将需要在箭上设置电池或气瓶等驱动能源及其管理系统，相比而言排放预冷更简化。

5.2.5 预冷过程热分析

在低温推进剂进入系统管路以前，系统各部分管路处于环境温度状态，相对推进剂构成一个高温环境。推进剂进入管路，必然会从这个"高温热源"吸收热量，并将吸收的热量带走，最终达到使系统降温的目的。在循环预冷中，低温介质从贮箱流出，流经输送管、泵、泵后管路和回流管，回到贮箱。结构降温的热量被推进剂吸收，第一部分用于升温，使推进剂从入口温度升到当地饱和温度，称这部分热量为液相显热 Q_1；第二部分用于推进剂的汽化，这部分热量称为潜热 Q_2；第三部分，汽化后的推进剂温度有可能低于当地管壁温度，会继续从管路吸收热量，把这部分热量称为气相显热 Q_3。根据能量守恒，系统低温回路漏热量 Q 应等于这三部分热量之和。低温回路漏热量包括发动机漏热量和管路漏热量，其中发动机漏热量占主要部分。

（1）发动机漏热量

发动机漏热量可按下式计算

$$\dot{Q} = hA(T_2 - T_1) \qquad (5-1)$$

式中　$\dot{Q}$——发动机漏热量（J/s）；

h ——表面传热系数 [W/（m² · K）]；

A ——发动机的外表面面积（m²）；

T_2 ——自然环境温度（K）；

T_1 ——发动机单位要求的发动机泵壳温度（K）。

表面传热系数 h 通常取 3 000～8 000 W/（m² · K）。发动机表面的表面积可由发动机研制单位提供，或者通过地面试验获得发动机的漏热量。

受研制条件的限制，当无法通过试验获得发动机漏热特性时需要进行理论分析。由于发动机泵的结构非常复杂，表面传热系数难以直接建模计算，需要对其进行简化处理。一般简化原则如下：

1）结构质量不变；

2）内容积（推进剂可充填空间）不变；

3）外表面积（泵结构与环境换热面积）不变；

4）等效管长和内径尽量反映泵的主流流道水力特性。

根据以上四条原则，发动机泵一般可以简化为两段不同壁厚的直管路。简化前后质量相等保证管道与泵具有相等的热容，内容积相等保证泵内流道基本一致，外表面积相等保证换热边界条件基本一致。

考虑到预冷推进剂在泵内的主要流道流动，从进口到叶轮部分主要沿竖直向上方向流动，将其近似为一段等截面竖管 D；叶轮以后的环形流道和出口部分主要为水平流动，近似为一段等截面水平圆管 E，如图 5-5 所示。

$$\frac{\pi}{4}d_{1,D}^2 L_D + \frac{\pi}{4}d_{1,E}^2 L_E = V \tag{5-2}$$

$$\pi d_{2,D} L_D + \pi d_{2,E} L_E = S \tag{5-3}$$

$$\frac{\pi}{4}\rho \left[(d_{2,D}^2 - d_{1,D}^2) L_D + (d_{2,E}^2 - d_{1,E}^2) L_E \right] = m \tag{5-4}$$

式中　V ——泵静止状态的内容积；

S ——泵静止状态的外表面积；

m ——泵结构质量；

$d_{1,D}$、$d_{2,D}$ ——管 D 的等效内径、外径；

L_D、L_E ——管 D、管 E 的等效长度；

$d_{1,E}$、$d_{2,E}$ ——管 E 的等效内径、外径。

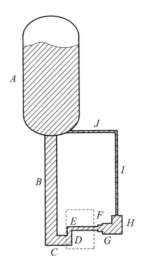

图 5-5　循环预冷系统简化模型原理图

（2）输送管漏热量

低温推进剂输送管漏热量与冷却通路的几何尺寸、绝热层厚度及绝热材料绝热性能等因素有关。对于采用发泡绝热的管路，设绝热层厚度为 δ，输送管表面积为 S，输送管壁温与环境温度差为 ΔT，则输送管漏热量为

$$\dot{Q}_t = \lambda \frac{S}{\delta} \Delta T \qquad (5-5)$$

式中　$\dot{Q}_t$ ——低温输送管漏热量；

λ ——绝热材料的热导率；

S ——输送管表面积；

δ ——输送管绝热厚度；

ΔT ——输送管壁温与环境温度之差。

稳态下，通过圆筒壁的热流量为常量，可以简化计算得到

$$\frac{T_o - T_w}{R_{is}} = \frac{T_a - T_o}{R_a} \tag{5-6}$$

式中　T_o ——圆筒外壁温度；

　　　 T_w ——圆筒内壁温度；

　　　 R_{is} ——绝热层导热热阻；

　　　 T_a ——空气温度；

　　　 R_a ——空气自然对流换热热阻。

$$R_{is} = \frac{\ln(d_3/d_2)}{2\pi\lambda_2} \tag{5-7}$$

$$R_a = \frac{1}{\pi d_3 h} \tag{5-8}$$

式中　λ_2 ——绝热材料热导率；

　　　 d_2 ——圆筒内径；

　　　 d_3 ——圆筒外径；

　　　 h ——圆筒外壁空气的表面传热系数。

$$h = \frac{\lambda_a Nu_a}{d_3} \tag{5-9}$$

式中　λ_a ——空气热导率 $[W/(m \cdot K)]$；

　　　 Nu_a ——努塞尔数，由自然对流换热关联式确定，即

$$Nu_a = c(Gr \cdot Pr)^n \tag{5-10}$$

式中　c，n ——通过试验确定的常数。对于竖直管道，可取 $c =$
　　　　　　　 0.59，$n = 0.25$；对于水平管道，可取 $c = 0.53$，n
　　　　　　　 $= 0.25$。

5.3　低温推进剂的热分层

　　液体运载火箭贮箱中低温推进剂热分层是由于外界热量经过贮箱壁面以及气液交界面传热传质引发的贮箱近壁区域和气液交界面推进剂密度发生变化，在浮力作用下自然对流所形成的温度不均匀

现象。在此过程中,较热的推进剂经近壁边界层内的流动及气液界面的对流而移动扩散到推进剂液体表面中心区域,并产生湍流扰动,经过扰动混合后形成一层相对稳定、温度较高的区域,到达液面顶部的高温流体涡团会向下渗透,且该涡团渗透厚度随时间的增加逐渐变厚,其厚度尺寸范围即所谓的过热层,参见图5-6。

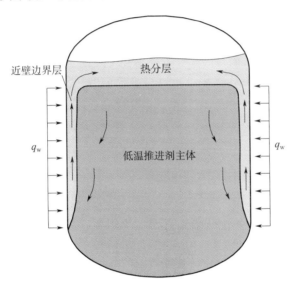

图 5-6 液体运载火箭贮箱低温推进剂热分层示意

产生热分层的热源很多,主要包括以下三部分:

1)外部漏热中被自然对流带到气液界面的热量;

2)气液界面上部气相通过自然对流向界面的传热热流;

3)气液相间的蒸发—冷凝传热传质作用。

一般来说,对于长期停放过程和微重力滑行过程,热源1)在热分层形成中占据主导作用;对于短时间的快速增压出流和大幅度晃动过程,更多是热源2)、3)的作用。

5.3.1 热分层的影响

热分层现象对于液体火箭的影响主要有两个方面:其一,过热的推进剂进入发动机可能导致发动机的泵发生汽蚀，这部分推进剂在总体设计中属于不可用部分；其二，随着液体表面温度的增加，将导致贮箱内压力需求的升高。

在液体运载火箭任务中容易导致推进剂出现热分层现象的典型阶段主要包括：地面推进剂加注结束后的停放阶段和在轨滑行阶段。这些阶段的共同特点就是推进剂处于不出流状态，同时接受外界热量的输入。

对于地面停放阶段，由于排气阀长时间处于打开状态，贮箱压力较低，此时的热分层效应相对较弱；射前关闭排气阀进行预增压后，则停放时间越长，不仅热分层可能增加，导致不可用推进剂增加，同时也将导致贮箱压力升高，甚至将超出保险阀打开压力。对于滑行阶段，过热层将显著增加推进剂不可用量所占比例，并使得二次起动前补压需求及飞行后期需要增压压力大幅增加，降低结构效率和运载能力。

5.3.2　热分层研究的基本方法

由于液氢、液氧的广泛使用，在 20 世纪 50～60 年代，低温推进剂热分层问题得到了较为全面而深入的研究。

从热分层的典型分析、研究过程和步骤来看，首先是获取在特定边界条件下的包括速度、温度、边界层厚度等在内的边界层流动特性；之后确定通过边界层内的流体流量，并转化为时间相关的增长量；最后根据试验或者理论的热分层温度分布模型来获取最终的温度分布情况。在热分层分析中还采用了如下一些假设条件：

1）不可压稳定流动；

2）忽略流体内沿高度 x 方向的热传导；

3）边界层内的流动平行于壁面；

4）温度边界层和速度边界层的厚度近似相同；

5）分析中的初始状态，贮箱内推进剂温度均匀、相同；

6）忽略热分层的形成和蒸发冷凝等过程导致的推进剂平均液面

变化。

5.3.3　湍流边界层下热分层计算

研究表明：对于自然对流形成的边界层的流型，主要判别参数为瑞利数 Ra，它是格拉晓夫数 Gr 和普朗特数 Pr 的乘积。对于贮箱壁温为常数（不随 x 变化）的情况，其表达式可写为

$$Ra = Gr \cdot Pr = \frac{g \cdot \beta \cdot \theta_w \cdot x^3}{\nu^2} \cdot \frac{\mu \cdot c_p}{\lambda} \qquad (5-11)$$

式中　μ ——动力黏度；

ν ——运动黏度；

c_p ——比热容；

λ ——热导率；

β ——液体膨胀系数；

g ——当地轴向加速度；

θ_w ——壁面温度 T_w 和推进剂主体温度 T_b 之差；

x ——距离边界层原点的距离。

当 $Ra \approx 10^9$ 时，边界层将由层流状态边界层转化为湍流状态边界层。对于贮箱输入热流 q_w 为常数（不随 x 变化）的情况，则

$$Ra^* = Gr^* \cdot Pr = \frac{g \cdot \beta \cdot q_w \cdot x^4}{\lambda \cdot \nu^2} \cdot \frac{\mu \cdot c_p}{\lambda} \qquad (5-12)$$

在此状态下的边界层由层流状态边界层转化为湍流状态边界层的临界瑞利数 $Ra^* \approx 10^{11}$。

低温推进剂热分层主要由靠近贮箱的边界层内的流体质量流量所决定，因此分析中的对象主要是边界层中的一些流动和能量传递。对于一个完整边界层特征的表述，主要可以通过三个参数来完成：1) 沿着边界层厚度的推进剂温度变化；2) 边界层的厚度；3) 边界层内的速度分布。湍流边界层内的温度和速度可以表示为如下的无量纲形式

$$\frac{\theta}{\theta_w} = 1 - \left(\frac{y}{\delta}\right)^{1/7} \qquad (5-13)$$

$$\frac{u}{U} = \left(\frac{y}{\delta}\right)^{1/7} \left(1 - \frac{y}{\delta}\right)^4 \qquad (5-14)$$

式中　θ——边界层内流体温度 T 与主体推进剂温度 T_b 之差，即 $\theta = T - T_b$；

θ_w——壁面温度 T_w 与主体推进剂温度 T_b 之差。

式（5-13）和式（5-14）仅适用在边界层厚度 δ（它是 x 的函数）之内，超出此范围，$u = 0$，$\theta = 0$。u 为速度，U 为速度特征参数，均是 x 的函数。边界层中速度和厚度形式如图 5-7 所示，边界层厚度如图 5-8 所示。

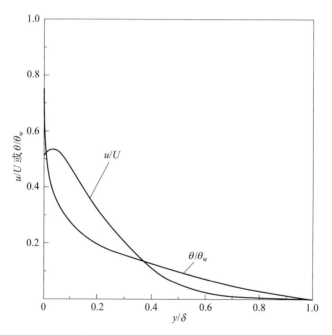

图 5-7　边界层中速度和厚度形式

热分层内的推进剂温度包括平均温度和温度分布。

（1）平均温度

通过上述计算出的热分层体积总量以及外界输入的热量情况，将热分层看作整体可以得到平均的温度情况

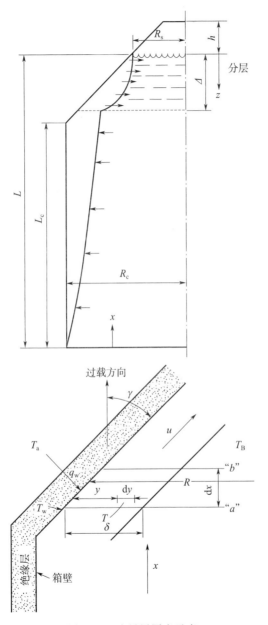

图 5-8　边界层厚度示意

$$\int_0^{x_1} q_w \, dA = q_m \cdot A_1 = \int_0^t \dot{m} \, dt \cdot c \cdot \frac{dT_{stra}}{dt} = \left(\int_0^t \rho_B \cdot \dot{V} \, dt \right) \cdot c \cdot \frac{dT_{stra}}{dt}$$

$$(5-15)$$

式中 T_{stra} ——饱和温度；

x_1 ——除热分层外的推进剂液位高度；

c ——比热容。

对于圆柱贮箱，式（5-15）可简化写为

$$q_m \cdot A_1 = \rho_B \cdot (\pi R^2 \cdot \Delta) \cdot c \cdot \frac{dT_{stra}}{dt} \qquad (5-16)$$

$$\frac{\Delta(t)}{H} = 1 - \left[1 + 0.082 \frac{H}{R} (Gr^*)^{\frac{2}{7}} \frac{1}{Pr^{\frac{2}{7}}} \frac{\nu t}{H^2} \right]^{-7} \qquad (5-17)$$

式中 Δ ——热分层厚度；

H ——液面到贮箱顶部的距离。

上式中 Gr^* 按下式定义计算

$$Gr^* = \frac{g \cdot \beta \cdot q_w \cdot H^4}{\lambda \cdot \nu^2} \qquad (5-18)$$

（2）热分层中温度分布

在判断推进剂过热状态时，可能涉及热分层内的实际温度分布信息，结合发动机的适应性来判断出不可用的过热推进剂量。为了获取过热层内推进剂温度分布情况，需要知道过热层内的能量分布关系。在分析中根据不同试验数据情况，假设过热层内单位容积能量分布为指数分布，即

$$E(Z) = mZ^n \qquad (5-19)$$

式中 Z ——热分层中任意点离主体推进剂界面的距离。

在时间 t 内，通过湿壁面进入的热量为

$$Q = q_m A_1 t \qquad (5-20)$$

贮存在过热层无穷薄层内的热量为

$$dQ = \pi \cdot R^2 \cdot E(Z) \cdot dZ \qquad (5-21)$$

因此在整个过热层内的能量为

$$Q = \pi \cdot \int_0^\Delta m \cdot R^2 \cdot Z^n \cdot \mathrm{d}Z \qquad (5-22)$$

假定 $m \cdot R^2$ 保持为常数，则

$$Q = \pi \cdot m \cdot R^2 \cdot \int_0^\Delta Z^n \cdot \mathrm{d}Z = \frac{\pi \cdot m \cdot R^2 \cdot \Delta^{n+1}}{n+1} \qquad (5-23)$$

将式（5-20）和式（5-23）联立，可得到

$$m = \frac{q_m \cdot A_1 \cdot t \cdot (n+1)}{\pi \cdot R^2 \cdot \Delta^{n+1}} \qquad (5-24)$$

将式（5-24）代回式（5-21）中，可得到

$$\mathrm{d}Q = \frac{q_m \cdot A_1 \cdot t \cdot (n+1)}{\Delta} \cdot \left(\frac{Z}{\Delta}\right)^n \cdot \mathrm{d}Z \qquad (5-25)$$

从过热层内温度分布得到的能量式为

$$\mathrm{d}Q = \pi \cdot R^2 \cdot \rho \cdot C \cdot \theta_Z \cdot \mathrm{d}Z \qquad (5-26)$$

将式（5-25）和式（5-26）联立，可得

$$\theta_Z = \frac{q_m \cdot A_1 \cdot t \cdot (n+1)}{\pi \cdot R^2 \cdot \rho \cdot C \cdot \Delta} \cdot \left(\frac{Z}{\Delta}\right)^n \qquad (5-27)$$

式（5-27）即为在过热层内的推进剂温度分布的情况。对于液氢，根据热分层试验和经验，系数 n 一般取 2。

5.3.4　微重力下推进剂热力学分析

在推进剂液相层产生热对流有两种方式：液体密度随温度变化引起的浮力对流，以及表面张力随温度变化引起的对流。在微重力环境下，浮力对流减弱甚至消失，对流效应成为影响流体热量和质量输运过程的主要因素。微重力下低温推进的热力学特性涉及微重力流体力学和热力学的耦合作用，形成以热毛细对流为主导的微重力流动、微重力沸腾等与地面不同的流动现象。

研究发现，由表面张力不均匀引起的对流有两种形成方式，如图 5-9 所示，界面上的表面张力不平衡会直接驱动流体运动，形成热毛细对流和马兰戈尼（Marangoni）对流。在界面温度梯度的作用下，温度越高，表面张力越小，更容易形成界面定向的热毛细对流。

马兰戈尼对流过程是在界面上某点处由于扰动使界面温度增加，该处的表面张力相对于周围会减小，使界面的流体向该点形成流动。这两种对流方式可以归结为相同的原因，即温度的不同引起的表面张力的变化。因此，微重力下的流动与地面的自然对流过程完全不同，对微重力流动开展研究必须考虑随温度变化的表面张力作用。

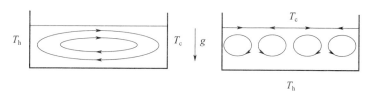

图 5 - 9　热毛细对流与马兰戈尼对流

同时，相变对流动和传热也起着重要作用。当低温流体的热源不足以引起沸腾时，贮箱中的相变为发生在气液界面处的蒸发及冷凝。在界面相变的基础理论研究中，存在两种理论，即热力学平衡模型（也被称为相平衡模型）与热力学非平衡模型。

对同种介质的界面相变传质问题，相平衡模型根据吉布斯（Gibbs）相平衡理论，认为气相和液相在界面的温度、化学势处处相等，两相之间时刻处于热力学平衡状态。当液相化学势大于气相化学势时，发生蒸发；当液相化学势小于气相化学势时，发生冷凝。蒸发或冷凝产生的能量让两相重新达到平衡状态。根据相平衡理论，在分析过程中将超过两相平衡的能量全部转化为汽化热，得到相应的相变质量转化，表达式为

$$\dot{m} = \frac{\rho V \alpha c_p (T - T_s)}{h_{fg} \Delta \tau} \qquad (5-28)$$

式中　T_s——饱和温度；

h_{fg}——相变潜热。

不同于传统的相平衡理论，热力学非平衡理论基于分子动力学或统计率的方法，通过一定的近似和假设，得到以压力、温度等可观测参数为自变量的相变传质方程。

　　基于分子动力学及统计率方法，得到的非平衡界面相变传质理论关联式见表 5 - 3。这些工作是针对微细尺度液层等较小尺寸界面传质研究得出结果，提出的关联式能够符合较小尺寸的界面相变问题。

表 5 - 3　非平衡界面相变传质理论关联式

研究者及年份	关联式	方法
Schrage (1961)	$\dot{m} = \sigma_c \Gamma \dfrac{p_v}{\sqrt{2\pi R T_v}} - \sigma_e \dfrac{p_i}{\sqrt{2\pi R T_i}}$ $\dot{m} = \dfrac{2\sigma}{2-\sigma} \dfrac{1}{\sqrt{2\pi R}} \left(\dfrac{p_v}{\sqrt{T_v}} - \dfrac{p_i}{\sqrt{T_i}} \right)$	分子动力学
Tanasawa (1967)	$\dot{m} = \dfrac{2\sigma}{2-\sigma} \dfrac{h_{fg}^2}{\sqrt{2\pi R}} \dfrac{\rho_v (T_v - T_i)}{T_i^{3/2}}$	分子动力学
Huang (1964)	$\dot{m} = \dfrac{\pi}{2} \dfrac{p_v}{\sqrt{2\pi R T_v}} \left(\dfrac{p_v - p_i}{p_v} - \dfrac{T_v - T_i}{T_v} \right)$	分子动力学
Springer 和 Patton (1975)	$\dot{m} = \dfrac{p_v}{\sqrt{2\pi R T_v}} \left[\dfrac{\dfrac{\sigma_e}{\sigma_c} \dfrac{\Delta p}{p_v} - \dfrac{1}{2} \dfrac{\Delta T}{T} \left(\dfrac{1}{1+4/15Kn} + \dfrac{\sigma_e}{\sigma_c} - 1 \right) - \dfrac{\sigma_e}{\sigma_c} + 1}{\dfrac{2 - \sigma_c}{2\sigma_c} + \dfrac{1}{2+8/15Kn}} \right]$	分子动力学
Labuntzov 和 Kryukov (1979)	$\dot{m} = 1.67 \dfrac{p_v - p_i}{\sqrt{2\pi R T_v}} \left\{ 1 + 0.515\ln\left[\dfrac{p_v}{p_i} \left(\dfrac{T_i}{T_v} \right)^{1/2} \right] \right\}$	分子动力学
Labuntzov (1996)	$\dot{m} = \dfrac{2\sigma}{2 - 0.798\sigma} \dfrac{p_v - p_i}{\sqrt{2\pi R T_v}}$	分子动力学
Marek 和 Straub (2002)	$\dot{m} = \dfrac{4}{4 - 3\sigma_c} \left(\sigma_c \dfrac{p_v}{\sqrt{2\pi R T_v}} - \sigma_e \dfrac{p_i}{\sqrt{2\pi R T_i}} \right)$	分子动力学
刘秋生等 (2009)	$\dot{m} = \alpha \rho_v h_{fg} \sqrt{\dfrac{M}{2\pi R T_s^3}} (T_i - T_s)$	分子动力学
Ward 和 Fang (1999)	$\dot{m} = \dfrac{X p_{sat} T_1}{\sqrt{2\pi m k T_1}} \left[\exp\left(\dfrac{\Delta S}{k} \right) - \exp\left(-\dfrac{\Delta S}{k} \right) \right]$	统计率

5.3.5　热分层抑制

在主动蒸发量控制方案中，常采用轴向喷射掺混的方式抑制热分层，以实现对蒸发量的控制。轴向掺混的流动机制取决于惯性力、表面张力、体积力的共同作用，由三种因素的相互关系形成四种典型的流体形态。Aydelott 通过乙醇小贮箱的落塔试验和地面试验研究，发现了四种轴向掺混的流体形态，如图 5-10 所示。

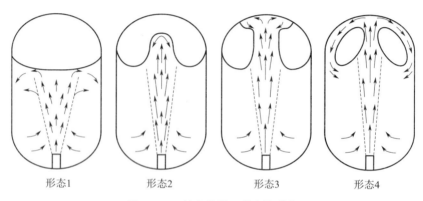

形态1　　　　　　形态2　　　　　　形态3　　　　　　形态4

图 5-10　轴向掺混四种流体形态

形态 1：喷射的流体动量和惯性力被耗散，未能改变气液界面的形状。

形态 2：喷射的流体突破了界面而未达到贮箱顶部，形成了凸起于界面的"喷泉"（geyser）。

形态 3：喷射击穿气枕达到贮箱顶部，但由于体积力的作用，喷射流体驻留在贮箱顶部后从液柱边缘落回液相区域。

形态 4：流体击穿了气枕，并且沿壁面回到液相区域，形成了环形的流动。

随着流量的增加，掺混流体的惯性力增加，流体形态会呈现从形态 1、形态 2、形态 3 到形态 4 的变化趋势，掺混越来越剧烈。

Aydelott 使用三组无量纲数对轴向掺混进行了描述。G 为无量纲"喷泉"高度；Bo 为轴向掺混邦德数，描述界面处的体积力与表面张力之比（区别于贮箱 Bo）；We 为韦伯数，描述惯性力与表面张力之比。

$$G = h_g / R_t \tag{5-29}$$

$$Bo = a\rho R_j^2 / \sigma \tag{5-30}$$

$$We = \rho v_i^2 R_i^2 / (\sigma D_j) \tag{5-31}$$

对于界面掺混半径 R_j，Aydelott 通过试验总结得出了以下关系

$$\begin{cases} R_j = R_i + 0.12h_b & h_b \leqslant 12.4R_i,\ Re > 1\,500 \\ R_j = 0.11R_i + 0.19h_b & h_b > 12.4R_i,\ Re > 1\,500 \\ R_j = R_i + 0.04h_b & Re \leqslant 1\,500 \end{cases} \tag{5-32}$$

其中

$$Re = \rho v_i D_i / \mu$$

通过轴向掺混的条件可以得到 Bo 和 We，为此，Aydelott 提出以下关联式预测的无量纲数 G，用于衡量轴向喷射掺混流体形态及掺混剧烈程度，即

$$\begin{cases} G = \dfrac{1.6We - 0.5}{1 + 0.6Bo} & Re > 1\,500 \\[3mm] G = \dfrac{We - 0.3}{1 + 0.6Bo} & Re \approx 900 \end{cases} \tag{5-33}$$

5.4　低温推进剂加注设计

推进剂加注是液体运载火箭发射组织过程中的重要操作之一，其目的是将地面贮存的推进剂按需求输送至运载火箭贮箱中。相对于常规推进剂，低温推进剂加注过程更为复杂。由于低温推进剂易蒸发，往往将推进剂加注操作置于火箭发射日，且尽量临近发射时刻；另一方面，推进剂温度品质会导致推进剂密度等性能参数发生变化，并对火箭发动机的性能产生较大影响。因此，为了确保运载火箭性能，对推进剂的加注温度以及工作过程的温度提出了较高的约束性要求。同时，低温推进剂均存在易燃、易爆的特点，低温推进剂加注过程的安全控制也是加注方案设计的重要考虑因素。

5.4.1　低温贮箱加注前置换

常用的低温推进剂在 1 atm 下温度均较低，例如液氢的沸点约 20 K，液氧沸点约 90 K，在此温度下空气中的水和二氧化碳等气体都会凝结。尤其是在液氢温度下，几乎除氦气之外的其他气体都会凝结成固体。这些固体组织在系统工作时属于多余物，一方面可能会导致阀门卡滞、阻塞过滤器等；另一方面液氢中存在的固氧或固化空气遇到摩擦和冲击极易引发爆炸。因此，在进行低温推进剂加注前需要对贮箱、管路等系统进行充分置换。

5.4.1.1　置换气体的选择

目前，常用的液氢系统置换的只有氦气和氢气两种。氦气是一种稀有、昂贵的惰性气体，虽然用氦气置换氢箱从安全性上来讲是最好的，但是成本很高。为了节约氦气，通常可先用高浓度氮气对贮箱进行置换，使系统中的 O_2、H_2O 含量降低到一定量值，然后用氦气或氢气进行置换。

在液体火箭研制的早期，为了确保大量液氢使用的安全性，大多直接采用氦气置换，譬如美国"半人马座"上面级氢系统就是使用氦气进行置换。随着火箭技术的发展和液氢安全应用的经验积累，为了节约昂贵的氦气，逐渐开始采用氮气＋氢气的方案来代替氦气直接置换，即对液氢系统先用氮气置换到氧气的含量低于 5%，然后采用氢气置换到标准要求。

5.4.1.2　置换次数分析

对于采用正压置换的贮箱，在工程实施前需要对置换次数进行分析，确定最优的充气压力、排气压力、置换次数，以及用气量需求等，以指导置换方案的制定。

假设贮箱内被置换气体为 B，其由 O_2、N_2、H_2O 和其他气体 R 组成，其容积组分分别为 O_B、N_B、W_B 和 R_B。用 A 气体来置换，且 A 气体中微量杂质气体 O_2、N_2、H_2O、R 的体积相对含量为 O_A、

N_A、W_A 和 R_A。

将容器初始状态压力看作第一次放气压力 p_{11}（绝压），第一次充气—放气后压力为第二次放气压力 p_{21}，以此类推，第 n 次放气压力为 p_{n1}。

第一次充气压力为 p_{12}，第二次充气压力为 p_{22}，以此类推，第 n 次充气压力为 p_{n2}。

容器初始状态压力为 p_{11}，其中 O_2 组分分压为 $O_B p_{11}$。

以 A 气体向容器充压到 p_{12}，混合均匀后，其中 O_2 的分压为

$$O_B p_{11} + O_A (p_{12} - p_{11})$$

贮箱中，O_2 的容积组分为

$$O_{B1} = [O_B p_{11} + O_A (p_{12} - p_{11})]/p_{12} = p_{11}(O_B - O_A)/p_{12} + O_A$$

放气泄压至 p_{21}，容器中 O_2 的分压为（按容器中 O_2 的组分 O_{B1} 不变考虑）

$$O_B p_{21} = p_{21}[p_{11}(O_B - O_A)/p_{12} + O_A]$$

按上述过程类推，多次充放气，且每次充放气均采用相同的压力，即

$$p_{21} = p_{31} = \cdots = p_{n1} = p_1 ; p_{12} = p_{22} = \cdots = p_{n2} = p_2$$

同时令初始状态 $p_{11} = p_{c1}$，则置换多次后各组分的气体含量均可用下式表示为

$$O_{Bn} = \frac{p_{01} \cdot p_1^{n-1}}{p_2^n}(O_B - O_A) + O_A$$

若要求置换到含 O_2 量 $O_{Bn} \leqslant [0]$，为便于分析，令 $p_{01} = p_1$，则可由上式导出需要置换的次数，即

$$n \geqslant \frac{\ln K}{\ln p_1 - \ln p_2} \qquad (5-34)$$

其中

$$K = \frac{[0] - O_A}{O_B - O_A}$$

5.4.2 加注过程

根据低温推进剂的特性和火箭发射的实际需要，目前国内外运

载火箭在低温推进剂的加注方法上普遍按照典型的四个阶段来实施：

　　1）小流量预冷加注阶段：该阶段实现对地面管路、箭上贮箱的预冷，避免贮箱处于热状态下的急冷，同时防止贮箱超压；

　　2）大流量加注阶段：贮箱预冷至一定程度后，为减少加注时间而提高加注流量；

　　3）减速加注阶段：加注至一定液位后，为了确保加注推进剂的精度，减小加注速度；

　　4）停放补加阶段：适应箭上飞行需要，补充由于停放蒸发消耗的推进剂。

　　图 5 - 11 为美国航天飞机的液氢加注工艺系统，图中球形 ST 为地面液氢贮箱，ET 表示航天飞机的外挂贮箱。

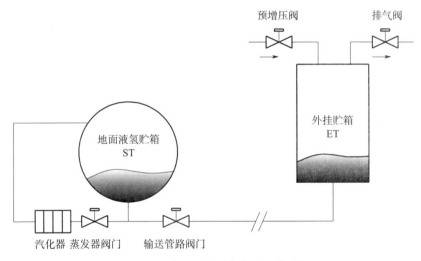

图 5 - 11　航天飞机液氢加注工艺系统

　　液氢加注前首先通过汽化器对 ST 贮箱进行增压，至 0.56 MPa；之后使用氦气通过预增压阀将 ET 贮箱增压至 0.27 MPa。对 ET 贮箱预增压的目的：1）避免由于 ET 贮箱内压力低而导致进入的液氢处于大量沸腾状；2）保证 ST 贮箱和 ET 贮箱间合适的压差，以确保按需求提供加注流量。

加注过程采用上述四个阶段,通过调节输送管路上的阀门实现对不同加注阶段的加注流量控制。

小流量加注阶段,实现对 ET 贮箱的预冷,随着推进剂逐渐进入 ET 贮箱,箱内气枕逐渐减小,同时推进剂受热蒸发,箱内气枕压力增加。为了避免超压,加注过程中通过开闭排气阀门将箱内压力控制在 38.7~41.7 psi 之间。当箱内积存推进剂达到总推进剂容积的 5% 时,转入大流量加注状态。大流量加注的初期,采用约 30 kg/s(体积流量约 25.7 m³/min)的速度进行。当 ET 贮箱内容积约达到总容积的 72% 时,减小 ST 贮箱压力至 64.7 psi,从而减小加注流量;当 ET 贮箱内推进剂容积达到总容积的 85% 时,通过减小输送管路上的阀门来进一步减小加注流量。当 ET 贮箱内推进剂容积达到总容积的 98% 时,大流量阶段加注结束,转入小流量减速加注阶段。在此阶段,打开贮箱排气阀将 ET 贮箱内的压力降至 14.7 psi,并使用小流量加注至总加注容积。此后进入停放补加阶段,保证推进剂液位维持在总加注容积。

低温推进剂经加注系统进入贮箱后,由于外界漏热以及所加注推进剂过热程度的双重作用,推进剂液面将出现沸腾、蒸发。这些蒸气进入气枕中导致贮箱气枕压力上升,压力大小取决于蒸发的推进剂质量流量和箱顶排气阀及管路的排放能力。推进剂加注过程中,贮箱压力需要严格控制,影响压力的主要因素包括:1)推进剂的汽化、蒸发速率;2)进入贮箱的推进剂温度;3)贮箱排气阀及管路排放能力;4)推进剂加注速率;5)传递给推进剂的热量,如外界热量输入和箱壁温及热容等。

5.5　低温推进剂管路

低温推进剂输送管路主要位于贮箱和发动机之间,在一定的工作压力状态下将液氧、液氢等低温推进剂从贮箱输送到发动机泵前阀入口,是箭上增压输送系统的重要组成部分。推进剂输送管路设计应根据火箭总体参数、布局，确定输送管路走向，并选择合理的输送管路直径。

5.5.1　管路补偿设计

低温推进剂管路在设计时，必须考虑补偿，主要包括装配补偿和工作补偿。

5.5.1.1　装配补偿

对于装配补偿，主要是补偿总装过程中的装配误差，具体包括：

（1）轴向误差

轴向误差指沿箭体轴向与管路长度尺寸链计算的结构制造尺寸公差总和，包括导管本身制造公差，与导管相关联的箱体、壳段、发动机等结构的轴向制造公差。

（2）径向误差

径向误差指沿箭体径向与管路长度及安装位置的尺寸链计算的几何公差总和，包括导管安装状态下自身沿箭体径向的几何公差，与导管安装定位相关箱体、壳段、发动机等同轴度、位置度等公差。

（3）环向误差

环向误差指管路绕所在管路轴线旋转轨迹上，法兰实际位置与理论位置的偏差。

（4）角度误差

角度误差指与安装角度有关的位置公差的集合。角度误差可通过换算得到，包括法兰制造角度公差、法兰端面与管路轴线垂直度，与管路安装有关的箱体、壳段、发动机等结构对接面平行度，及对接面与相应轴线的垂直度等。

5.5.1.2　工作补偿

对于工作补偿，主要包括推进剂加注以及飞行阶段的结构变形补偿。

（1）推进剂加注过程

低温推进剂加注后，会引起箱底变形，筒段收缩和输送管的轴向、径向收缩。输送管或筒段轴向和径向的收缩量可采用如下公式计算，即

$$轴向　　\Delta x = \beta L_x \Delta t$$

$$径向　　\Delta y = \beta L_y \Delta t$$

式中　β ——输送管管材平均线胀系数；

　　　Δt ——低温推进剂温区与常温之间的差值；

　　　L_x ——沿箭体轴向的长度；

　　　L_y ——沿箭体径向的长度。

（2）飞行阶段

火箭飞行过程中，输送管路除承担总装过程、推进剂加注等过程的变形外，还要承担由于飞行过载、振动、温度、压力等因素引起的变形。一般根据载荷工况采用有限元方法分析获得。

输送管路的变形需要通过补偿器进行补偿。补偿器常用结构为波纹管式。波纹管设计参数包括外径、壁厚、层数、波高、波距、波数等，如图 5-12 所示。

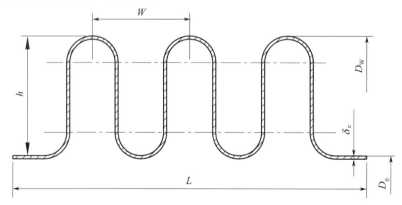

图 5-12　单层波纹管结构示意图

D_w—外径；D_0—直边段外径；W—波距；h—波高；δ_e—壁厚

波纹管补偿器用于直管段时，可以补偿轴向位移及小的径向和角度偏差。当角位移和径向位移较大或需要限制波纹管推力时，波纹管补偿器需要限位。带网套的波纹管能防止补偿变形过程中的整体失稳，自身平衡大部分波纹管推力，其结构如图 5 - 13 所示。

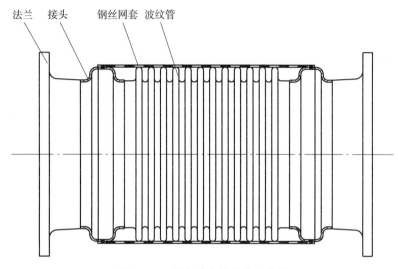

图 5 - 13　网套波纹管结构示意图

5.5.2　绝热方案设计

低温推进剂输送管必须具有良好的绝热性能，以保证推进剂输送品质。工程上常用的绝热方案包括聚氨酯泡沫外绝热和真空多层绝热。

（1）聚氨酯泡沫绝热

通过在管路外表面上装填或包覆一定厚度的聚氨酯泡沫绝热材料以达到绝热目的，如图 5 - 14 所示。输送管直管段可采用硬发泡绝热，聚氨酯硬质泡沫通过浇注或喷涂发泡成型；补偿器部位可采用软发泡方式，使波纹管在收缩时可以自由活动。

（2）真空绝热

在导管真空夹层中安装多层平行于冷壁的辐射屏，以达到高效绝热的目的，同时还可以充入在低温下极易冷凝形成真空的气体，

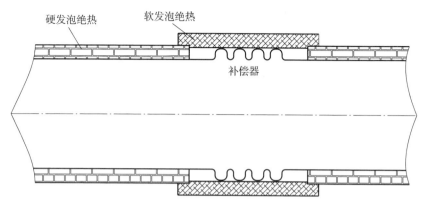

图 5-14　外绝热结构示意图

从而提高绝热效果，其结构如图 5-15 所示。多层绝热体一般由高反射能力的辐射屏与低热导率的间隔物构成，辐射屏可选用铝箔，间隔物可常用无碱玻璃纤维带。

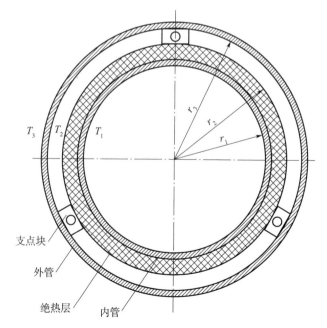

图 5-15　真空绝热结构示意图

5.6 推进剂出流设计

贮箱出流末期，由于漩涡或液面塌陷可能使得进入管路的推进剂夹带气体，浅箱时液体晃动也可使出口露出引起夹气。推进剂夹气可能引起涡轮泵汽蚀，严重影响发动机系统正常工作，因此有必要进行出流特性分析，并采取适当的消漩、防塌、防晃装置来防止或推迟漩涡、塌陷的发生，以减少推进剂的不可用量。

5.6.1 典型夹气情况

推进剂出流过程一般有以下几种夹气情况：空化、塌陷、漩涡和晃动夹气。

（1）空化

贮箱输送管内当地静压如低于推进剂的饱和蒸气压，则输送管内液体将发生空化。图 5 - 16（a）所示的贮箱，若不计液面下降速度，由伯努利方程可知，出流管内的静压 p_1 为

$$p_1 = p_0 - \rho g h - \frac{\rho}{2} v_r^2 \qquad (5-35)$$

式中 p_0——贮箱增压值；

       ρ ——液体密度；

       h ——液深；

       g ——加速度；

       v_r ——出流管内的液体流速。

出流管内液体不空化的条件为 $p_1 > p_s$，则可得到不空化的出流管半径为

$$r > \frac{\rho Q^2}{2\pi^2 (p_0 - p_s - \rho g h)} \qquad (5-36)$$

式中 Q ——推进剂的体积流量。

如果贮箱的出流管半径 r 余量不大，还需考虑由于流动截面突

然缩小引起的空化，如图 5 - 16（b）所示。主要解决途径为在流动截面突变的地方进行圆滑过渡。

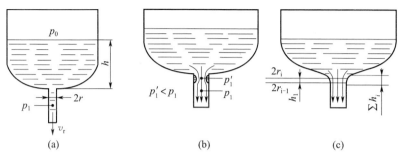

图 5 - 16　贮箱出流示意图

（2）塌陷夹气

塌陷夹气是指在贮箱内推进剂出流末期，出流口上方液面会出现一个不旋转的凹坑，当凹坑迅速达到出口时，气体随之进入出流口，而贮箱出口四周还有一定量的液体。根据经验公式，发生塌陷夹气时贮箱临界液深 h_c 满足下式

$$\frac{Q^2}{gh_c^{\alpha}r^{\beta}} = C \qquad (5 - 37)$$

其中

$$\alpha = 3 + (h_c/r)^{1/10} \qquad \alpha \leqslant 5$$
$$\beta = 2 - (h_c/r)^{1/10} \qquad \beta \geqslant 0$$
$$C = 11.8 - 2.65(h_c/r)^{1/10}$$

式中　Q ——体积流量；

　　　　r ——出流口半径；

　　　　g ——此时加速度。

式（5 - 37）为理论塌陷高度，而出流试验中的静态和动态（晃动发生时）塌陷高度要高于理论塌陷高度。塌陷夹气的发生主要是由于箱壁摩擦阻力的作用，贮箱中心的推进剂流速大于箱壁处的推进剂流速。理论上通过设计出流管的曲线使箱壁处和贮箱中心处的

流速相等就可以避免塌陷夹气的发生。图 5 - 17 所示为无塌陷贮箱
出口形式。

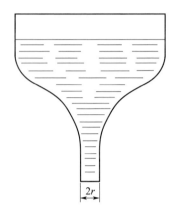

图 5 - 17　无塌陷贮箱出口形式

（3）漩涡夹气

如不采取防漩措施，在贮箱出流末期会发生漩涡夹气，此时液位
较高，贮箱中剩余推进剂也较多。漩涡夹气一般包括起漩、漩涡穿通
等过程，发生漩涡穿通的情况最严重，一旦发生穿通夹气，则所夹气
体以非常快的速度进入发动机，影响发动机正常工作。目前，贮箱出
流漩涡夹气高度尚无确切解，一般通过 CFD 仿真以及出流试验确定。

（4）晃动夹气

对于浅箱状态，当推进剂晃幅较大时，会出现液体晃动出口一
侧现象，将管口露出而发生夹气现象（见图 5 - 18）。如果此时箭体
姿态干扰频率与浅箱液体晃动频率接近，则晃动夹气更为严重。

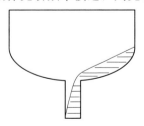

图 5 - 18　晃动夹气示意图

5.6.2　无塌陷出流口设计

假设推进剂在流经出流口时液面始终保持为平面状态，则塌陷将不会发生。为了达到该条件，必须进行出流口型面设计，使得与出流口壁面相接处的流线轴向速度分量等于总的出流体积流量除以截面面积得到的平均速度。针对出流口垂直位于推进剂箱底中心的情况，可以使用伯努利方程沿着与出流口壁面相接处的不可压缩流流线进行积分，使其轴向速度分量等于平均速度。微分形式的伯努利方程为

$$\frac{\mathrm{d}p}{\rho} + a\,\mathrm{d}h + \frac{1}{2}\mathrm{d}(v_s^2) + g_c\mathrm{d}E_f = 0 \qquad (5-38)$$

为了确保不会发生空化，将 $\dfrac{\mathrm{d}p}{\rho}$ 项设置为 0，式（5-38）简化为

$$a\,\mathrm{d}h + \frac{1}{2}\mathrm{d}(v_s^2) + g_c\mathrm{d}E_f = 0 \qquad (5-39)$$

对于速度 v_s（见图 5-19），可以采用下式来进行表示

$$\frac{v_h}{v_s} = \cos\theta = \frac{\mathrm{d}h}{\mathrm{d}s} \qquad (5-40)$$

v_h 为平均轴向速度，因此

$$v_s = \frac{Q}{\pi r^2}\frac{\mathrm{d}s}{\mathrm{d}h} = \frac{Q}{\pi r^2}\frac{\sqrt{(\mathrm{d}r)^2 + (\mathrm{d}h)^2}}{\mathrm{d}h} \qquad (5-41)$$

$$v_s = \frac{Q}{\pi r^2}\left[1 + \left(\frac{\mathrm{d}r}{\mathrm{d}h}\right)^2\right]^{\frac{1}{2}} \qquad (5-42)$$

压头损失 $\mathrm{d}E_f$ 可近似按照 Chezy 关联式计算

$$\frac{\mathrm{d}E_f}{\mathrm{d}s} = \frac{v_s^2}{C^2 R} = \frac{2v_s^2}{C^2 r} \qquad (5-43)$$

式中　R ——水力半径；

r ——出流口圆截面半径；

C ——Chezy 常数，取决于出流口表面的粗糙度。

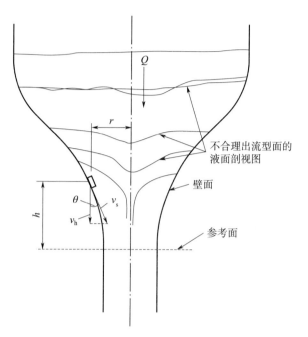

图 5 - 19　出流口近壁处速度分量

式（5 - 43）可以写成半径 r 的形式，如果考虑 r 是沿着贮箱出流口剖面的距离 s 的某种函数，则有

$$\frac{\mathrm{d}E_f}{\mathrm{d}r} = \frac{2v_s^2}{C^2 r} \frac{\mathrm{d}s}{\mathrm{d}r} \qquad\qquad (5 - 44)$$

$$\frac{\mathrm{d}E_f}{\mathrm{d}r} = \frac{2Q^2}{\pi^2 r^5 C^2} \left[1 + \left(\frac{\mathrm{d}r}{\mathrm{d}h} \right)^2 \right] \left[1 + \left(\frac{\mathrm{d}h}{\mathrm{d}r} \right)^2 \right]^{\frac{1}{2}} \qquad (5 - 45)$$

由于需要根据半径 r 获得对应高度 h 的变化情况，则可进一步写为

$$a \frac{\mathrm{d}h}{\mathrm{d}r} + v_s \frac{\mathrm{d}v_s}{\mathrm{d}r} + g_c \frac{\mathrm{d}E_f}{\mathrm{d}r} = 0 \qquad\qquad (5 - 46)$$

将式（5 - 42）和式（5 - 45）代入式（5 - 46）中，就可以得到无塌陷时出流口的轮廓曲线微分方程

$$\frac{\mathrm{d}^2 h}{\mathrm{d} r^2} + \frac{2}{r}\left[1 - \frac{g_c}{C^2}\sqrt{1+\left(\frac{\mathrm{d}h}{\mathrm{d}r}\right)^2}\right]\left[\left(\frac{\mathrm{d}h}{\mathrm{d}r}\right)^3 + \left(\frac{\mathrm{d}h}{\mathrm{d}r}\right)\right] - \frac{\pi^2 a r^4}{Q^2}\left(\frac{\mathrm{d}h}{\mathrm{d}r}\right)^4 = 0$$

$$(5-47)$$

式 (5-47) 是一个非线性微分方程, 通常采用数值方法来近似获取。一般情况下, 通过此方法所得到的出流口长度很大, 工程上需要进行截取。

5.6.3　出流试验

为验证出流装置设计方案的正确性, 一般需开展出流试验验证。由于地面试验很难完全模拟飞行工况下的出流参数, 包括推进剂温度、压力、黏性、流速、过载等, 一般采用无量纲相似准则参数, 它们分别描述了出流过程中的重力、黏性力、表面张力、压力、惯性力等情况。主要相似准则和参数包括:

1) 弗劳德数 Fr, 表示惯性力和重力之比

$$Fr = \frac{v}{\sqrt{gL}} \qquad (5-48)$$

2) 雷诺数 Re, 表示惯性力与黏性力之比

$$Re = \frac{\rho v L}{\mu} \qquad (5-49)$$

3) 韦伯数 We, 表示惯性力与表面张力之比

$$We = v\sqrt{\frac{\rho L}{\sigma}} \qquad (5-50)$$

4) 欧拉数 Eu, 表示压力与惯性力之比

$$Eu = \frac{p}{\rho v^2} \qquad (5-51)$$

5) Re/Fr

$$Re/Fr = \frac{L^{\frac{3}{2}} g^{\frac{1}{2}}}{\mu/\rho} \qquad (5-52)$$

式 (5-48) ~式 (5-52) 中, v 为流速; g 为重力加速度; L 为特征尺寸; ρ 为密度; μ 为动力黏度, σ 为表面张力系数; p 为贮箱

压力。

贮箱出流试验设计、结果分析时，为了提高试验有效性，一般遵循以下准则和注意事项：

1）出流装置试验验证应考虑无量纲参数 Re、Fr、We、Re/Fr 对出流过程的影响。但受限于试验条件，一般无法同时满足各相似准则，此时应优先保证 Fr 相等。

2）当 We 大于 11 时，认为表面张力很小，可以忽略 We 的影响。

3）当 Re 大于 10^5 或者 Re/Fr 大于 54 时，可认为不考虑黏性的影响。

4）当贮箱出口管路夹气时，气泡需要过一段时间才会发展至发动机入口，因此试验中除了贮箱、出流装置外，试验使用的推进剂输送管路也要按照相似准则进行缩比。

5.7　涌泉现象及其抑制

5.7.1　涌泉的形成

涌泉现象是指液体在连接大容积空间底部的长垂直输送管路中，由于某种原因受热汽化产生气泡，气泡不断增多聚合，形成管路阻塞，并将液柱向上"排挤出"管路而产生的向大容积空间间歇性喷发的一种气液两相流动不稳定现象。液体从垂直管路中向上喷发出去以后，由于重力作用而使得管路上部大容积空间的液体重新充填管路，回到管路的液体对管路内的剩余气体有冷凝作用，高速回流的液体在重力及管路内气体冷凝坍缩共同作用下，在管路中将产生类似于水锤的压力波动效应，从而对结构造成影响。涌泉现象在天然间歇喷泉、地热井工程等地方都能观测到。

对于低温推进剂系统，涌泉现象发生的过程为：

当一个顶部连接推进剂贮箱、底部封闭（连发动机）的垂直长管充满低温液体时，管路的漏热将通过自然对流传向液面。这一对流过程使得被加热的流体向上浮升，而贮箱中的冷流体则向下流入管内，从而在管内建立起流体循环。由管壁进入的一部分热量将在推进剂贮箱液面通过蒸发而释放出来，而另一部分热量则用于液体焓升，这部分焓升将使推进剂主流温度上升。

随着加热过程的持续，推进剂主流温度将增至饱和温度，再加入的热量就会导致汽化形成。气泡先在壁面形成，然后脱离并在输送管内上升，开始聚合形成一个较大的单个气泡，称为 Taylor 气泡（见图 5 - 20）。

图 5 - 20　一个 4 in（10.08 cm）耐热玻璃管中形成的 Taylor 气泡

大气泡的形成将使得该气泡下面的压力降低。由于大气泡下方的液相已处于饱和温度，压力降低将使得此处液体闪蒸形成更多气泡；新气泡的形成又使压力进一步下降，并闪蒸更多液体。如此增长的过程迅速发生，使得形成气泡的速率大大超过从管道出口排出气泡的速率。最终结果是将气泡上方的液体爆发式地"排挤"出管道至贮箱中。当来自贮箱的推进剂重新注入填充管道时，将产生很高的水锤冲击力。

低温推进剂贮箱在加注后的停放阶段，如果输送管路内液体没有流动，管路底部由于漏热引起气泡聚合上升喷发，这会对系统造成一个类似水锤的压力波动或脉冲，有些条件下压力脉冲的幅度很大，甚至造成管路损毁或推进剂的泄漏，这在系统设计时必须考虑并避免。

5.7.2　涌泉的抑制

低温推进剂输送系统中的涌泉效应主要是由于长垂直管路中低温推进剂过热，达到饱和或过热液体沸腾、释放出蒸气，使管路压力下降等原因引起的。如何使加注、停放至发射前管路中低温液体始终处于饱和温度或饱和温度以下，是抑制和消除涌泉效应的关键。从理论上来说，为了保持推进剂处于饱和温度或饱和温度以下的状态，通常可采取绝热、致冷、注入惰性气体（氦气）、加循环管路（外部、内部、横向注入管）、加装安全阀（消除振荡）、补充加注过冷推进剂等方案。

低温输送管路采用绝热措施，除了能够保证向发动机供给的推进剂质量（温度与密度），还可以防止涌泉发生。除此之外，常用的涌泉抑制措施包括：1）向管路注入惰性气体（氦气）；2）补充过冷推进剂；3）增加循环管路进行循环。

（1）注入氦气抑制涌泉

在一些火箭方案中将氦气注入液氧管路底部，以此来抑制涌泉。由于注入的氦气纯度高，在氦气泡中氧的分压为 0。在氦气中氧气的分压与液氧中的蒸气压之差产生了一个氧气向氦气的质量传递。由于在传递过程中，液氧汽化并向周围环境吸热，因此产生过冷效应。该效应将管路内大部分液体的温度降下来，使其低于饱和温度。这时沸腾产生的气泡不断将过剩热量带走，即冷流体阻止了产生涌泉过剩热量的积聚。不断注入氦气就可以提供足够的、连续的冷量来阻止热量积聚，从而抑制涌泉。

通过计算液氧和纯氦之间的质量传递流量和气泡通过液体上升

的速度，可得出单位时间内单位氦气总的质量传递流量。美国Titan Ⅰ火箭的液氧供应系统中氦注入量为 0.6 m³/s，完全能防止涌泉现象发生。土星ⅤS-ⅠC级（见图 5-21）与航天飞机的液氧输送系统也采用该方法。

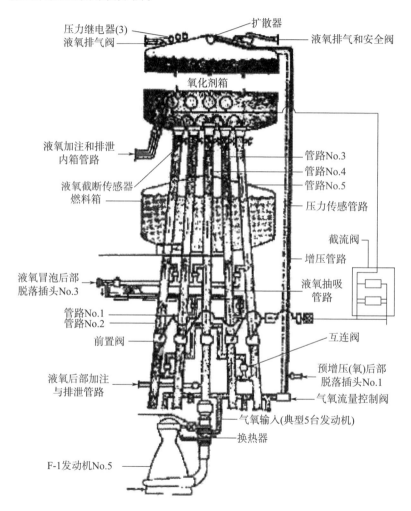

图 5-21　土星ⅤS-ⅠC液氧增压输送系统

（2）加注过冷液氧抑制涌泉

通过对涌泉中的沸腾过程和气体释放研究发现：整个系统中释放的气泡在达到一个临界状态前不会产生强烈的聚合，在达到临界状态前允许有一定量蒸气存在。因此，发生沸腾时液体需要有一定过热度。当对管路使用至少 3 ℃过冷度的低温液体补充加注时，过热度可以有效控制，从而使得管路内的涌泉得到抑制（见图 5 - 22）。

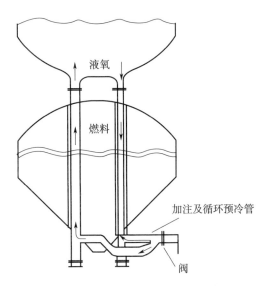

图 5 - 22　加注过冷液氧抑制涌泉

（3）双输送管循环抑制涌泉

在双管输送系统中，当传入管内的热量不平衡时，则一个管路中液氧比另一管路中液氧受热更多。若两条管路在底部相连，则由于两个输送管内存在密度差，形成了循环驱动力，使推进剂在管路和贮箱中循环流动。推进剂的流动能及时带走管路的漏热，难以达到形成涌泉的条件，从而可以有效抑制涌泉（见图 5 - 23）。

（4）内外管循环抑制涌泉

在低温输送管路中，固定一个内管用热导率很低的小的连接件

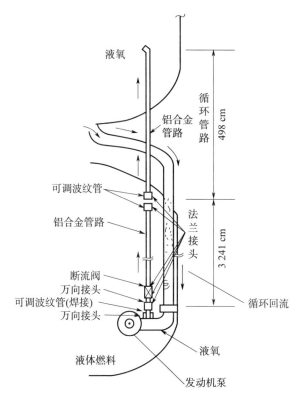

图 5 - 23　双输送管循环抑制涌泉

与输送管相连，内管与输送管同心，两者在内管外形成一个环形空间，如图 5 - 24 所示。当环境向输送管路漏热时，环形空间形成了一个绝热屏障，使环形空间内的液体温度上升。这时，内外管中的推进剂形成了一个温差，进而产生密度差。由于内管与环形空间在底部相连，内管内的流体将环形空间内的受热流体从底部排挤出来，低温容器中的液体从顶部流入内管，从而形成循环达到抑制涌泉的作用。

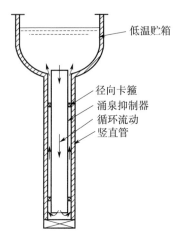

图 5 - 24 内外管循环抑制涌泉

第 6 章　低温贮箱增压系统

6.1　增压系统功能及要求

　　贮箱增压系统是伴随着液体火箭的发展应运而生的，是液体火箭动力系统的重要分系统之一。增压系统的目的就是确保火箭工作时贮箱所需要的压力，这种需求一方面来自液体火箭发动机泵正常工作不汽蚀所需的发动机入口压力（对于挤压式发动机，对应的是所需的推力室室压）；另一方面是薄壁贮箱承受各种载荷时满足强度和刚度所需的内压。在工程实践中，往往通过各种方式向贮箱中注入或产生各种气体，使贮箱保持合适的压力。这一过程从工程热力学的角度出发就是通过注入气体带入足够的能量，并将这部分能量用于提高压力。

　　因此，贮箱增压的主要工作过程就是增压气体进入推进剂贮箱，膨胀后占据推进剂排出后的空间，对液体推进剂和贮箱结构产生工作压力。增压系统设计的主要内容就是选择合适的增压方案和设置优化的增压参数，以满足需要的压力。由于不论何种增压介质和增压方案，对于火箭而言，增压系统最终均为不可用的"死重"，从而影响运载能力，所以增压系统设计的目标就是牺牲最小的运载能力，以获得满足要求的压力，或者在满足压力的前提下使系统总质量最小。

　　根据液体火箭的研制目标和设计准则，对贮箱增压系统提出以下要求：

　　1）质量小。增压系统的质量由增压所必需的气体质量、管路/气瓶质量、热交换器（或者气体发生器）质量、增压控制组件的质量等组成。质量小意味着更高的运载能力。

2）系统简单。增压系统应该按照系统简化、组件尽量少的原则来实施。

3）可靠性高。通过减少系统包含的组件数量，以及提高每个组件的可靠性来保证。

4）使用维护方便。贮箱增压系统在测试、发射准备等阶段的工作要尽量简单，提高测试覆盖性，降低使用维护成本。

5）成本低。贮箱增压系统的成本由增压系统的箭上产品配套成本，以及地面设备的成本构成。低成本是提高全箭市场竞争力的有效途径。

6.2　贮箱增压方式分析

液体火箭贮箱增压方式的确定主要考虑以下因素：

1）增压能力和任务适应性；

2）增压系统可靠性；

3）增压系统重量；

4）增压系统成本；

5）增压技术复杂性；

6）增压技术继承性。

在综合以上因素的同时，结合火箭动力系统的特点，目前常用的增压方式包括以下三种。

（1）燃气增压

利用发动机燃烧产物作为增压介质的增压方式称为燃气增压（见图 6-1）。通常是从发动机燃气发生器出口引出一个分支，通过设置在推进剂流道上的降温器进行降温处理，将燃气降至适当温度后，引入贮箱进行增压。

该方案的优点是可以利用发动机工作过程中产生的燃气进行增压，系统简单，成本较低。缺点是燃气成分与贮箱内推进剂的成分不同，燃气使用存在局限，只能对相容性好的推进剂贮箱进行增压，适应性较差。

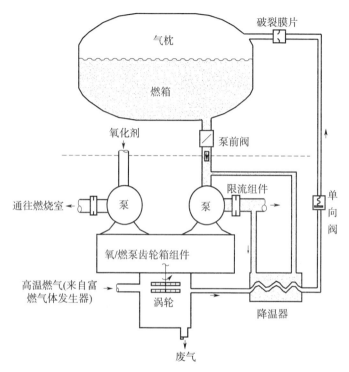

图 6 - 1　燃气增压系统原理图

（2）自生增压

自生增压使用火箭的推进剂组元，通过发动机蒸发、汽化后对贮箱进行增压（见图 6 - 2）。通常在发动机推进剂流道上的泵后高压区引出一个分支，通过蒸发器将推进剂进行汽化，并将温度调节到要求值，再引入贮箱进行增压。

该方案的优点与燃气增压类似，系统简单，成本较低。缺点是只有沸点较低、容易蒸发的推进剂能适应自生增压，适用范围有限。且由于采用推进剂作为增压介质，火箭会损失一定的运载能力。一般对于密度较小的推进剂（例如液氢），优先选用自生增压。对于有

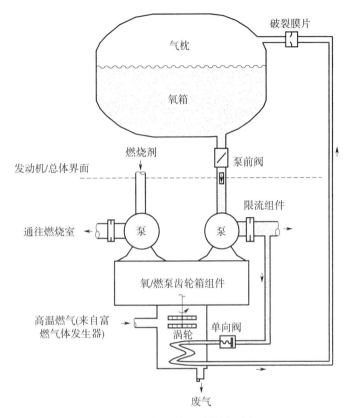

图 6-2 自生增压系统原理图

多次起动要求的低温动力系统，在起动前一般还需要设置补压系统。由于初始压力应满足要求，以及在推进剂表面和贮箱壁面的蒸气-冷凝率发生变化等，采用开式自生增压的系统对贮箱压力的精确控制不容易实现。另外，由于系统的热延迟导致贮箱压力的建立有较大的时间延迟，为了使贮箱压力满足预期要求，需要一个相对较大的初始气枕容积或设置补压系统。

另外，自生增压方案主要适用于泵压式发动机，因为在泵出口具备提供高压推进剂的能力。如果考虑将其应用到挤压式发动机系统，那么还需要设置一个辅助泵压装置来提高推进剂压力，以满足增压要求。

（3）其他介质增压

为了满足推进剂贮箱增压的要求，该方案配备独立贮存的增压介质专门用于贮箱增压。目前较常见的是利用贮存在高压气瓶中的增压气体（见图 6-3）。由于氦气密度小、增压能力强，在增压介质中使用最广泛。对于氦气增压，目前国内外运载火箭上使用的方案有：常温氦气增压、常温氦气加温后增压、冷氦加温后增压、超临界氦增压等几种。其中，超临界氦增压在阿里安 5 火箭的液氧贮箱增压中使用。

该方案的优点是由于单独配置增压系统，适用性广，系统设计灵活。缺点是需要提供单独的增压气源贮存装置和加温装置，系统组成相对复杂，成本较高。

上述三种增压方案是按照增压介质来源进行分类的。另外，以增压压力是否受控进行区分，又可以将增压方案分为"开式增压"和"闭式增压"两种。增压过程中增压气体以特定流量供应，不进行闭环调节的增压方式为"开式增压"；通过敏感贮箱气枕压力，对增压气体流量进行闭环反馈调节，从而实现贮箱压力控制的增压方式为"闭式增压"。

开式增压方案系统组成比较简单，但是由于增压气体流量固定，无法实施调节。为了确保贮箱增压压力全程满足系统工作要求，增压压力设计值一般偏高，增压气体使用量相对较多。闭式增压方案需要设置贮箱压力敏感装置和增压流量调节装置，系统相对复杂。与开式增压方案相比，闭式增压在节约增压气体用量方面具有显著优势。

目前，国外低温液体运载火箭常用的贮箱增压方案统计见表 6-1。综合分析国外低温液体运载火箭增压方式，可以发现：

1）对于采用液氢/液氧推进剂组合的火箭，液氢贮箱基本都采用自生增压方式。对于液氧贮箱，部分火箭采用氦气增压，部分火箭采用自生增压。

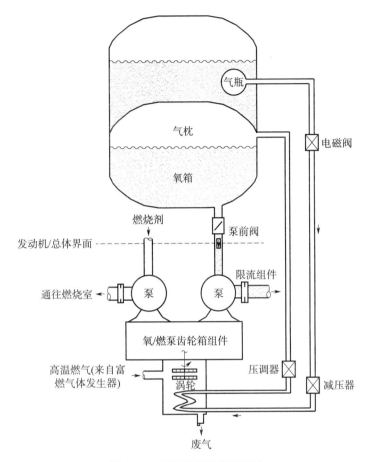

图 6-3　气瓶增压系统原理图

2）对于采用液氧/煤油推进剂组合的火箭，煤油贮箱基本都采用氦气增压。对于液氧贮箱，部分火箭采用氦气增压，部分火箭采用自生增压。

3）对于采用气瓶增压的方案，普遍采用闭式增压，而对于自生增压方案，绝大多数采用开式增压。

表 6 - 1　国外低温液体运载火箭常用的贮箱增压方案统计

运载火箭		发动机	推进剂组合	氧化剂贮箱	燃烧剂贮箱
H - IIA	一级	LE - 7A	液氢/液氧	自生增压	自生增压
	二级	LE - 5B	液氢/液氧	冷氦加温	自生增压
阿里安 5	一级	Vulcain2	液氢/液氧	超临界氦加温	自生增压
	二级	HM - 7B	液氢/液氧	冷氦增压	自生增压
德尔塔 4	一级	RS - 68	液氢/液氧	自生增压	自生增压
宇宙神 5	一级	RD - 180	液氧/煤油	常温氦加温	常温氦加温
天顶号	一级	RD - 170/171	液氧/煤油	冷氦加温	冷氦
	二级	RD - 120	液氧/煤油	冷氦加温	冷氦
联盟 2 - 1b	二级	RD - 0124	液氧/煤油	冷氦加温	冷氦加温
土星 V S - I C	一级	F - 1	液氧/煤油	自生增压	冷氦加温

对于特定的气瓶贮气式增压方案，其闭式增压的控制方式主要有三种：

①压力传感器与电磁阀组合

采用压力传感器敏感贮箱压力，通过控制装置控制增压电磁阀打开/关闭，实现对贮箱压力的控制。例如，美国宇宙神 5 火箭一级推进剂贮箱增压采用这种控制方式。该方案通过传感器对压力实时敏感，由控制装置进行控制，可以通过软件设计实现对贮箱压力控制带的灵活设置和调整，并且控制带可随火箭飞行过程变化。

②压力信号器与电磁阀组合

采用机械式压力信号器敏感贮箱压力，通过压力信号器上的触点接通或断开来控制增压电磁阀打开/关闭，实现对贮箱压力的控制。天顶号火箭一、二级推进剂贮箱增压就采用这种控制方式。该方案通过压力信号器敏感贮箱压力，在设置的压力点直接实现对电磁阀打开/关闭的控制，对单一贮箱而言，相对于压力传感器方案系统更简单，不需要其他控制设备的参与。但是，对于同一个压力信号器，其控制压力点固定，压力控制带设置受限，且不能调节，系统适应性较弱。

　　③减压器与压调器组合

　　减压器、压调器组合方式通过压调器敏感贮箱压力并调节压调器开度实现对增压气体流量的实时调控。该方案的贮箱压力控制带较窄，增压气体利用率高。缺点是由于需要同时用到减压器和压调器，系统组成较为复杂；另外，系统不容易实现冗余设计，对组件的可靠性要求相对较高。

6.3　贮箱增压过程热力学分析

6.3.1　低温贮箱增压热力学过程

　　贮箱增压过程实际上是一个箱内能量的分配问题，其基本过程如图 6-4 所示。在一定输入能量流率的情况下，能量传递过程主要包括：1）增压气体和箱壁换热；2）气动加热；3）增压气体和推进剂换热；4）克服推进剂出流体积功；5）增压气体内能变化。

　　在不考虑推进剂蒸发和冷凝过程时，根据热力学定律，对于如图 6-4 所示的增压过程分析，可得到如下控制方程

$$\frac{\mathrm{d}(U_\mathrm{u} \cdot m_\mathrm{u})}{\mathrm{d}t} = \mathrm{d}m_\mathrm{i} \cdot h_\mathrm{i} - (\mathrm{d}Q_\mathrm{gl} + \mathrm{d}Q_\mathrm{gw}) - p_\mathrm{u} \cdot \frac{\mathrm{d}V_\mathrm{u}}{\mathrm{d}t} \quad (6-1)$$

结合下述方程

$$U_\mathrm{u} = c_V \cdot T_\mathrm{u} \quad\quad\quad\quad\quad (6-2)$$

$$h_\mathrm{i} = c_p \cdot T_\mathrm{i} \quad\quad\quad\quad\quad (6-3)$$

$$p_\mathrm{u} \cdot V_\mathrm{u} = m_\mathrm{u} \cdot R_\mathrm{m} \cdot T_\mathrm{u} \quad\quad\quad (6-4)$$

可以导出如下关系

$$\underbrace{\mathrm{d}m_\mathrm{i} \cdot h_\mathrm{i}}_{\text{输入能量}} = \underbrace{(\mathrm{d}Q_\mathrm{gl} + \mathrm{d}Q_\mathrm{gw})}_{\text{向液体和壁面换热}} + \underbrace{\frac{c_V}{R_\mathrm{m}}\left[p_\mathrm{u} \cdot \frac{\mathrm{d}V_\mathrm{u}}{\mathrm{d}t} + V_\mathrm{u} \cdot \frac{\mathrm{d}p_\mathrm{u}}{\mathrm{d}t}\right]}_{\text{内能增加项}} + \underbrace{p_\mathrm{u} \cdot \frac{\mathrm{d}V_\mathrm{u}}{\mathrm{d}t}}_{\text{体积功}}$$

$$(6-5)$$

　　由式（6-5）可以看出增压过程的能量分布和影响。而相比于常温推进剂贮箱，低温贮箱增压过程壁面温度的变化是一个重要环节。从整个增压过程来看，对于壁面温度的影响因素主要包括：

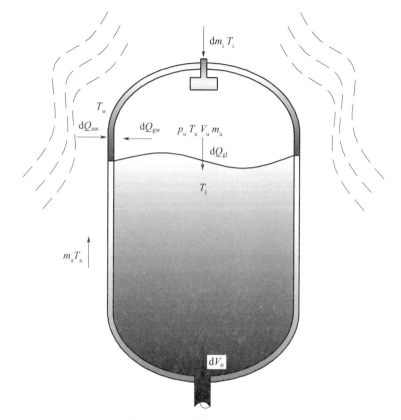

图 6-4　贮箱增压过程原理图

1）贮箱绝热状态和气动加热情况；

2）进入贮箱增压气体的介质种类、温度、流量；

3）贮箱压力；

4）推进剂种类、气液界面行为特性及温度；

5）贮箱结构型式、材料、壁厚；

6）箱内增压消能器布局型式。

6.3.2　低温贮箱增压过程集总参数法

贮箱增压过程是一个涉及传热传质的复杂热力学过程。为了获得贮箱的压力、温度分布，以及贮箱壁面温度等参数，需要建立数学模型并进行分析。对于低温推进剂来说，准确预估贮箱中蒸发、冷凝以及汽化等过程的质量交换更是非常必要和关键的。国内外针对低温火箭的增压过程已经进行了大量的分析建模研究，这些模型最早可以追溯到土星 5 火箭的 S-IC，S-II 以及 S-IVB 模块的研制。为满足低温贮箱增压过程的研究需要，国内外研究人员都进行了大量的理论分析和试验，建立了较为全面的贮箱数学模型，其中"五节点"贮箱数学模型应用最为广泛。

贮箱增压分析的控制体积如图 6-5 所示，该方法将贮箱划分为五个节点：气枕节点、与气枕节点相连接的贮箱壁节点、饱和液体表面层节点、液体推进剂节点、与液体推进剂节点相连接的贮箱壁节点。在这些节点的边界上应用质量守恒方程以及能量守恒方程，

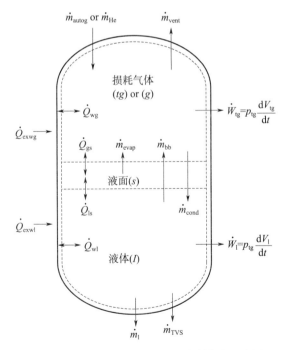

图 6-5　贮箱增压"五节点"控制体积示意图

并引入气体状态方程。该模型考虑了气液表面的质量交换，包含蒸发、液体推进剂中的汽化、冷凝等过程。图 6-5 中各个变量的含义见表 6-2。

表 6-2 贮箱控制体积中各变量的定义

变量	定义
$\dot{m}_{autog}$	自生增压气体(氢气或者氧气)的质量流量
$\dot{m}_{He}$	增压氦气的质量流量
$\dot{m}_{vent}$	贮箱排出气体的质量流量
$\dot{Q}_{exwg}$	外界环境与跟气枕接触的贮箱壁面之间的热交换率
$\dot{Q}_{wg}$	贮箱壁面与气枕之间的热交换率
$\dot{Q}_{gs}$	气枕与饱和液体表面层之间的热交换率
$\dot{m}_{evap}$	推进剂蒸发速率
$\dot{m}_{bb}$	推进剂沸腾汽化质量流率
$\dot{W}_{tg}$	气枕膨胀做功功率
$\dot{Q}_{exwl}$	外界环境与跟推进剂接触的贮箱壁面之间的热交换率
$\dot{Q}_{wl}$	贮箱壁面与推进剂之间的热交换率
$\dot{Q}_{ls}$	推进剂与饱和液体表面层之间的热交换率
$\dot{m}_{cond}$	推进剂蒸气冷凝质量流率
$\dot{W}_{l}$	推进剂做功功率
$\dot{m}_{l}$	推进剂流出质量流率
$\dot{m}_{TVS}$	推进剂热力学泄出系统(TVS)质量流率
p_{tg}	贮箱压力
V_{tg}	气枕体积
V_{l}	推进剂体积

各节点热交换率的方向定义如下

$$\dot{Q}_{wl} = f(T_{wl} - T_l) \qquad (6-6)$$

$$\dot{Q}_{ls} = f(T_1 - T_s) \tag{6-7}$$

$$\dot{Q}_{gs} = f(T_s - T_{tg}) \tag{6-8}$$

$$\dot{Q}_{wg} = f(T_{tg} - T_{wg}) \tag{6-9}$$

式中　T_{wl}——接触液体的贮箱壁面温度；

T_1——推进剂温度；

T_s——饱和液体温度；

T_{tg}——气枕温度；

T_{wg}——接触气枕的贮箱壁面温度。

6.3.2.1　气枕控制方程

将能量守恒方程应用于气枕节点，并引入式（6-6）～式（6-9）中热交换率的定义可得

$$\dot{Q}_{gs} - \dot{Q}_{wg} + \dot{m}_{autog} h_{autog} + \dot{m}_{He} h_{He} + \dot{m}_{evap} h_{evap} + \dot{m}_{bb} h_{bb}$$

$$- \dot{m}_{cond} h_{cond} - \dot{m}_{vent} h_{tg} - p_{tg} \frac{dV_{tg}}{dt} = \frac{d}{dt}(m_{tg} u_{tg}) \tag{6-10}$$

不同的 h 变量对应不同质量流量下的比焓。具体的含义见表 6-3。

表 6-3　比焓的定义

变量	定义
h_{autog}	从发动机换热器出来的自生增压气体比焓
h_{He}	氦气瓶中经过供应管路经历绝热过程的氦气的比焓
h_{evap}	气枕推进剂所占分压、饱和液体表面层温度下的推进剂比焓
h_{bb}	气枕压力、液体饱和温度下的推进剂比焓
h_{cond}	气枕中推进剂蒸气所占分压、气枕饱和温度下的推进剂比焓
h_{TVS}	TVS 比焓
h_1	气枕压力、液体温度下的推进剂比焓

引入连续性方程以及理想条件下气体比焓 h_{tg} 与内能 u_{tg} 表达式可得到

$$\frac{\mathrm{d}m_{tg}}{\mathrm{d}t} = \dot{m}_{autog} + \dot{m}_{He} + \dot{m}_{evap} + \dot{m}_{bb} - \dot{m}_{cond} - \dot{m}_{vent} \qquad (6-11)$$

$$h_{tg} = c_{p_{tg}} T_{tg} \qquad (6-12)$$

$$u_{tg} = c_{V_{tg}} T_{tg} \qquad (6-13)$$

将方程（6 - 10）中的右端项展开如下

$$\frac{\mathrm{d}}{\mathrm{d}t}(m_{tg} u_{tg}) = m_{tg} c_{V_{tg}} \frac{\mathrm{d}T_{tg}}{\mathrm{d}t} + m_{tg} T_{tg} \frac{\mathrm{d}c_{V_{tg}}}{\mathrm{d}t} + c_{V_{tg}} T_{tg} \frac{\mathrm{d}m_{tg}}{\mathrm{d}t}$$

$$(6-14)$$

最后，将式（6 - 11）和式（6 - 14）代入式（6 - 10）中，可得气枕温度的变化率

$$m_{tg} c_{V_{tg}} \frac{\mathrm{d}T_{tg}}{\mathrm{d}t} = \dot{Q}_{gs} - \dot{Q}_{wg} + \dot{m}_{autog}(h_{autog} - c_{V_{tg}} T_{tg}) +$$

$$\dot{m}_{He}(h_{He} - c_{V_{tg}} T_{tg}) + \dot{m}_{evap}(h_{evap} - c_{V_{tg}} T_{tg}) +$$

$$\dot{m}_{bb}(h_{bb} - c_{V_{tg}} T_{tg}) - \dot{m}_{cond}(h_{cond} - c_{V_{tg}} T_{tg}) -$$

$$\dot{m}_{vent}(h_{tg} - c_{V_{tg}} T_{tg}) - p_{tg} \frac{\mathrm{d}V_{tg}}{\mathrm{d}t} - m_{tg} T_{tg} \frac{\mathrm{d}c_{V_{tg}}}{\mathrm{d}t}$$

$$(6-15)$$

$$p_{tg} = \rho_{tg} R_{tg} T_{tg} \qquad (6-16)$$

$$\dot{V}_{tg} = \dot{V}_1 + \frac{1}{\rho_1}(\dot{m}_{bb} + \dot{m}_{evap} + \dot{m}_{TVS} - \dot{m}_{cond}) - V_1 \frac{\dot{\rho}_1}{\rho_1} \qquad (6-17)$$

式（6 - 15）可以用来求解气枕温度的变化率，气枕压力可以通过气体状态方程来进行求解。同样，可以通过式（6 - 17）对气枕容积的变化率进行求解。式（6 - 17）中的 $\dot{V}_1$ 是贮箱中推进剂的流出体积流率，等号右边第二项是由于气枕与推进剂之间的相变所产生的气枕体积变化，包括沸腾、蒸发、冷凝等过程。第三项也是最后一项，是考虑液体推进剂由于可压缩性产生的密度变化，进而导致气枕体积发生的变化。对于液氢来说这一项非常重要，

因为液氢是易压缩性物质，而对于液氧及其他推进剂来说，这一项影响不明显。

对于使用氦气增压的系统来说，必须关注气枕混合物中氦气和推进剂蒸气的分量，式（6-18）和式（6-19）表示的是每个组分的质量变化情况。气枕混合物的密度、摩尔质量、定压比热容和定容比热容可以通过式（6-20）～式（6-23）求得。

$$\dot{m}_{rg} = \dot{m}_{He} - \dot{m}_{vent} Y_{rg} \tag{6-18}$$

$$\dot{m}_{vl} = \dot{m}_{autog} + \dot{m}_{bb} + \dot{m}_{evap} - \dot{m}_{cond} - \dot{m}_{vent} Y_{vl} \tag{6-19}$$

$$\rho_{tg} = \frac{m_{rg} + m_{vl}}{V_{tg}} = \frac{m_{tg}}{V_{tg}} \tag{6-20}$$

$$MW_{tg} = \frac{m_{tg}}{(m_{rg}/MW_{rg}) + (m_{vl}/MW_{vl})} \tag{6-21}$$

$$c_{p_{tg}} = c_{p_{rg}} Y_{rg} + c_{p_{vl}} Y_{vl} \tag{6-22}$$

$$c_{V_{tg}} = c_{V_{rg}} Y_{rg} + c_{V_{vl}} Y_{vl} \tag{6-23}$$

6.3.2.2　推进剂控制方程

推进剂节点的能量方程与气枕的能量方程类似，将能量守恒方程应用于推进剂节点，并引入上述定义的传热方程，可得

$$\dot{Q}_{wl} - \dot{Q}_{ls} + \dot{m}_{cond} h_{cond} - \dot{m}_{bb} \Delta h_v - \dot{m}_{bb} h_{bb} - \dot{m}_{TVS} h_{TVS} - \dot{m}_l h_l - p_{tg} \frac{dV_l}{dt} = \frac{d}{dt}(m_l u_l) \tag{6-24}$$

式中，Δh_v 是推进剂汽化热，连续性方程以及焓与内能的关系式见式（6-25）和式（6-26）。

$$\frac{dm_l}{dt} = \dot{m}_{cond} - \dot{m}_{TVS} - \dot{m}_l - \dot{m}_{bb} \tag{6-25}$$

$$m_l u_l = m_l h_l - p_{tg} V_l \tag{6-26}$$

将式（6-25）和式（6-26）代入式（6-24）中可以得到焓变方程为

$$m_1 \frac{\mathrm{d}h_1}{\mathrm{d}t} = \dot{Q}_{\mathrm{wl}} - \dot{Q}_{\mathrm{ls}} + \dot{m}_{\mathrm{cond}}(h_{\mathrm{cond}} - h_1) - \dot{m}_{\mathrm{bb}} \Delta h_{\mathrm{v}} - \dot{m}_{\mathrm{bb}}(h_{\mathrm{bb}} - h_1) -$$

$$\dot{m}_{\mathrm{TVS}}(h_{\mathrm{TVS}} - h_1) + V_1 \frac{\mathrm{d}p_{\mathrm{tg}}}{\mathrm{d}t}$$

$$(6-27)$$

6.3.2.3　贮箱壁面控制方程

　　贮箱壁面分为两个节点，一个与气枕接触，另一个与液体推进剂接触。考虑到低温推进剂贮箱外部一般都包覆一层绝热层，因此可以不考虑贮箱壁面的辐射换热。与推进剂接触的贮箱壁面温度变化可用下式计算

$$m_{\mathrm{wl}} = \rho_{\mathrm{wall}} A_{\mathrm{wl}} t_{\mathrm{wall}} \tag{6-28}$$

$$\frac{\mathrm{d}T_{\mathrm{wl}}}{\mathrm{d}t} = \frac{\dot{Q}_{\mathrm{exwl}} - \dot{Q}_{\mathrm{wl}}}{m_{\mathrm{wl}} c_{p_{\mathrm{wl}}}} \tag{6-29}$$

　　与气枕部分接触的贮箱壁面的温度变化与式（6-29）的计算公式略微不同，主要区别在于被推进剂浸泡的低温壁面随着推进剂的消耗而逐渐露出液面，暴露出的低温贮箱壁面通过与气体的剧烈热交换，会导致贮箱气枕压力的下降。该过程的控制方程为

$$m_{\mathrm{wg}} = \rho_{\mathrm{wall}} A_{\mathrm{wg}} t_{\mathrm{wall}} \tag{6-30}$$

$$\dot{m}_{\mathrm{wg}} = \frac{m_{\mathrm{wg}} - m_{\mathrm{wg-previous}}}{\mathrm{d}t} \tag{6-31}$$

$$\frac{\mathrm{d}T_{\mathrm{wg}}}{\mathrm{d}t} = \frac{\dot{Q}_{\mathrm{exwg}} + \dot{Q}_{\mathrm{wg}} + c_{p_{\mathrm{wl}}} \dot{m}_{\mathrm{wg}}(T_{\mathrm{wl}} - T_{\mathrm{wg}})}{m_{\mathrm{wg}} c_{p_{\mathrm{wg}}}} \tag{6-32}$$

　　式（6-33）是贮箱两个壁面节点之间热传导方程的简化形式，为

$$\dot{Q}_{\mathrm{cond}} = \lambda_{\mathrm{wall}} \frac{A_{\mathrm{wall-cond}}}{L_{\mathrm{wall-cond}}}(T_{\mathrm{wg}} - T_{\mathrm{wl}}) \tag{6-33}$$

式中　　λ_{wall}——壁面的热导率；

　　　　$A_{\mathrm{wall-cond}}$——贮箱内径与外径所围成的圆环面积；

　　　　$L_{\mathrm{wall-cond}}$——气枕节点中心到推进剂节点中心的长度。

6.3.2.4　质量传输控制方程

在贮箱满足合适的条件下会产生不同机理的质量传递现象,包括饱和液体表面层的蒸发、推进剂中液体的沸腾以及推进剂蒸气的冷凝。每一种类型的质量交换只有在贮箱满足合适的条件下才会发生。对于饱和液体表面层的蒸发来说,气枕传递给表面层的热量要大于表面层传递给液体推进剂的热量才行,用方程描述为

$$\dot{m}_{\text{evap}} = \frac{\dot{Q}_{\text{ls}} - \dot{Q}_{\text{gs}}}{h_{\text{evap}}} \qquad (6-34)$$

$$\dot{Q}_{\text{evap}} = \dot{m}_{\text{evap}} h_{\text{evap}} \qquad (6-35)$$

在该模型中,如果表面层传递给液体推进剂的热量大于气枕传递给推进剂表面层的热量,那该部分的蒸发质量可假定为零。对于液体推进剂沸腾产生的质量交换,贮箱压力中的推进剂蒸气分压要低于低温推进剂饱和蒸气压 p_{vl}。

$$\dot{m}_{\text{bb}} = \frac{(p_{\text{vl}} - p_{\text{tg}}) V_{\text{tg}}}{R_1 T_1 \mathrm{d}t} \qquad (6-36)$$

$$\dot{Q}_{\text{bb}} = \dot{m}_{\text{bb}} \Delta h_{\text{v}} \qquad (6-37)$$

当气枕温度小于推进剂饱和蒸气温度时,质量交换会以推进剂蒸气冷凝的形式进行。这也就意味着推进剂在该温度下的饱和蒸气压已经低于气枕中推进剂蒸气所占的分压。同样的,与液体沸腾一样,冷凝过程的计算公式为

$$\dot{m}_{\text{cond}} = \frac{(p_{\text{tg}} - p_{\text{vl}}) V_{\text{tg}}}{R_1 T_{\text{tg}} \mathrm{d}t} \qquad (6-38)$$

$$\dot{Q}_{\text{cond}} = \dot{m}_{\text{cond}} \Delta h_{\text{v}} \qquad (6-39)$$

6.3.2.5　热交换控制方程

在贮箱增压过程,主要关注贮箱内部的换热关系。由于增压过程中贮箱壁面附近增压气体的流速较小,一般假设贮箱内部主要组件在绝大多数阶段的热交换均处于自然对流状态。为了计算气枕壁面与气枕之间、气枕与液体表面之间、液体表面与液体推进剂之间

以及液体与液体表面之间的自然对流热交换率，采用一种通用的自然对流换热方程，即

$$\dot{Q}_{\text{free-convection}} = hA\Delta T \qquad (6-40)$$

式中，接触面积 A 以及温度差 ΔT 的计算较为简单，主要难点在于如何准确计算传热系数 h 。对于大多数情况，传热系数是通过试验数据、依照相似准则推导得来。对于自然对流换热过程，第一步是计算得到普朗特-格拉晓夫数，即

$$X = \left(\frac{L^3 \rho^2 a\beta |\Delta T|}{\mu^2}\right)\left(\frac{c_p \mu}{\lambda}\right) \qquad (6-41)$$

式中　L ——特征长度；

　　　ρ ——密度；

　　　a ——加速度；

　　　β ——热膨胀系数；

　　　μ ——动力黏度；

　　　c_p ——定压比热容；

　　　λ ——热导率。

所有的这些变量，除了特征长度和加速度之外，都是用两个节点间的平均温度来计算的。混合物的性质可以利用相对摩尔分数 $(y_{\text{vl}}，y_{\text{rg}})$ 和质量分数 $(Y_{\text{vl}}，Y_{\text{rg}})$ 来计算，即

$$\rho_{\text{tg}} = \frac{m_{\text{vl}} + m_{\text{rg}}}{V_{\text{tg}}} \qquad (6-42)$$

$$\beta_{\text{mix}} = \beta_{\text{vl}} y_{\text{vl}} + \beta_{\text{rg}} y_{\text{rg}} \qquad (6-43)$$

$$\mu_{\text{mix}} = \frac{\mu_{\text{vl}} y_{\text{vl}} M_{\text{vl}}^{1/2} + \mu_{\text{rg}} y_{\text{rg}} M_{\text{rg}}^{1/2}}{y_{\text{vl}} M_{\text{vl}}^{1/2} + y_{\text{rg}} M_{\text{rg}}^{1/2}} \qquad (6-44)$$

$$c_{p_{\text{mix}}} = c_{p_{\text{vl}}} Y_{\text{vl}} + c_{p_{\text{rg}}} Y_{\text{rg}} \qquad (6-45)$$

$$\lambda_{\text{mix}} = \lambda_{\text{vl}} y_{\text{vl}} + \lambda_{\text{rg}} y_{\text{rg}} \qquad (6-46)$$

最终的自然对流传热系数可以通过方程（6-47）计算获得，其中常数 C 、n 可以根据试验获得。

$$h = C \frac{\lambda}{L} X^n \qquad (6-47)$$

6.3.3　低温贮箱增压过程分布参数法

6.3.3.1　一维分布方程

采用集总参数法可以分析获得贮箱气枕的压力和温度等参数，但是由于假设箱内气体的参数分布均匀，无法细化获得温度分布等参数。对于一些细长的贮箱，计算结果存在较大误差。为此，通过研究进一步提出了一维空间分布参数模型。对于流体的流动，主要受控于连续方程、动量方程和能量方程，然后再结合一些边界条件、初始条件以及其他辅助条件就可以进行描述。典型的一维空间内流方程可以描述为

连续方程

$$\frac{\partial(\rho A)}{\partial t} + \frac{\partial(\rho u A)}{\partial x} = 0 \qquad (6-48)$$

动量方程

$$\frac{\partial(\rho u A)}{\partial t} + \frac{\partial(\rho u^2 A + p A)}{\partial x} = p\,\frac{\partial A}{\partial x} - \rho A\,(f_R + b\cos\vartheta) \qquad (6-49)$$

能量方程

$$\frac{\partial(e^+ \rho A)}{\partial t} + \frac{\partial(h^+ \rho u A)}{\partial x} = \frac{\dot{q} A_w}{\Delta x} - b\cos\vartheta \rho u A \qquad (6-50)$$

$$e^+ = e + \frac{u^2}{2} \qquad (6-51)$$

$$h^+ = h + \frac{u^2}{2} \qquad (6-52)$$

式中　ρ ——流体密度；

u ——流体速度；

A ——流动的截面面积；

p ——压力；

f_R ——单位质量流体与壁面的摩擦力；

b ——质量力场加速度；

ϑ ——管流轴线方向与质量力场加速度方向的夹角；

$\dot{q}$ ——单位面积上的热流率；

e ——比内能；

h ——比焓。

将式（6-48）～式（6-50）可写为统一形式，为

$$\frac{\partial \omega}{\partial t} + \frac{\partial f(\omega)}{\partial x} = \Omega(\omega) \tag{6-53}$$

$$\omega = A\begin{pmatrix} \rho \\ \rho u \\ \rho e^+ \end{pmatrix}, f(\omega) = A\begin{pmatrix} \rho u \\ \rho u^2 + p \\ \rho u h^+ \end{pmatrix}, \Omega(\omega) = \begin{pmatrix} 0 \\ p\dfrac{\partial A}{\partial x} - \rho A(f_R + b\cos\vartheta) \\ \dot{q} U_w - b\cos\vartheta \rho u A \end{pmatrix}$$

$$\tag{6-54}$$

对于壁面有

$$\frac{\mathrm{d}T_w}{\mathrm{d}t} = \frac{h_{wf}(T - T_w)}{\rho_w \delta_w c_w} + \frac{\dot{Q}_o}{\rho_w \delta_w c_w} \tag{6-55}$$

式中　ρ_w ——壁面材料密度；

δ_w ——壁面厚度；

c_w ——壁面比热容；

$\dot{Q}_o$ ——外界输入热流率。

6.3.3.2　贮箱增压控制方程

低温贮箱内的增压过程实际是一个相对比较平缓的过程。结合国内外已经开展的贮箱增压试验结果分析，在大多数情况下其流动过程近似为相对平稳的一维流动状态，因此可以将增压过程简化为一维分布参数内流方程来进行研究。在此增压模型建立过程中，常采用如下假设：

1）气枕中压力瞬时均匀，不随空间位置的变化而变化；

2）忽略推进剂内部的传热传质过程；

3）忽略火箭飞行过程中气动加热通过贮箱绝热层传导的热量。

根据上述假设，动量方程可近似忽略，推导后可以得到如下

方程：

（1）流体方程（连续和能量方程）

$$\frac{\partial \rho}{\partial t} = -\frac{1}{A}\frac{\partial \dot{m}}{\partial x}$$

$$(6-56)$$

$$\frac{Ac_V}{R_m}\frac{\partial p}{\partial t} = 2\pi r h_{wf}(T_w - T) \cdot \sqrt{1 + \left(\frac{dr}{dx}\right)^2} + (e - c_V T)\frac{\partial \dot{m}}{\partial x} -$$

$$\frac{\partial(h\dot{m})}{\partial x} - \frac{\dot{Q}_{fl}A}{V}$$

$$(6-57)$$

式中　　ρ ——密度；

A ——面积；

$\dot{m}$ ——质量流量；

R_m ——气体常数；

c_V ——等容比热容；

r ——半径；

h_{wf} ——气壁传热系数；

T_w ——壁面温度；

T ——气体温度；

p ——气体压力；

e ——气体比内能；

h ——气体比焓；

$\dot{Q}_{fl}$ ——气液换热率。

（2）壁面能量方程

$$\frac{dT_w}{dt} = \frac{h_{wf}(T - T_w)}{\rho_w \delta_w c_w} + \frac{\dot{Q}_o}{\rho_w \delta_w c_w}$$

$$(6-58)$$

（3）气体状态方程

$$p = \rho \cdot R_m \cdot T$$

$$(6-59)$$

常用上述理想气体状态方程，也可采用真实气体状态方程。

（4）气液换热方程

$$\dot{Q}_{\mathrm{fl}} = h_{\mathrm{fl}} A_{\mathrm{s}} (T_{\delta} - T_{\mathrm{L,s}}) , T_{\delta} = (0.9 \sim 1.3) T_0 \left(\frac{p}{p_0}\right)^{\frac{\gamma-1}{\gamma}}$$

$$h_{\mathrm{fl}} = 0.14 \frac{\lambda}{L} (Gr \cdot Pr)^{\frac{1}{3}}$$

$$(6-60)$$

式中　h_{fl}——气液传热系数；

　　　A_{s}——气液交界面面积；

　　　T_{δ}——压缩等效温度；

　　　$T_{\mathrm{L,s}}$——液体饱和温度；

　　　T_0——气枕初始温度；

　　　p_0——气体初始压力；

　　　λ——热导率；

　　　Gr——格拉晓夫数；

　　　Pr——普朗特数；

　　　γ——比热比。

（5）气壁换热方程

$$h_{\mathrm{wf,i}} = h_{\mathrm{c}} + \xi h_0 \mathrm{e}^{-\beta_{\mathrm{w}} x} , \beta = 0.04132 r^2 \qquad (6-61)$$

式中　ξ——修正因子，取决于消能器结构型式等因素；

　　　h_{c}——自然表面传热系数；

　　　h_0——强迫表面传热系数；

　　　β_{w}——壁面的容积膨胀系数。

对于自然对流

$$h_{\mathrm{c}} = 0.14 \frac{\lambda}{L} \left[\left(\frac{L^3 \cdot \rho^2 g \cdot N_x \cdot \beta \cdot |\Delta T|}{\mu^2} \right) \cdot \left(\frac{c_p \cdot \mu}{\lambda} \right) \right]^{\frac{1}{3}}$$

$$(6-62)$$

对于强迫对流

$$\frac{h_0 r}{\lambda} = 0.06 \left(\frac{r\dot{m}}{A_{\mathrm{d}}\mu} \right)^{0.8} \left(\frac{c_p \mu}{\lambda} \right)^{\frac{1}{3}} \qquad (6-63)$$

式中 $\dot{m}$ ——入口增压气体流量；

　　　A_d ——效能器出口的面积；

　　　N_x ——轴向过载；

　　　μ ——黏度；

　　　β ——容积膨胀系数。

（6）壁面材料比热容

为了能够根据式（6 - 55）计算贮箱壁面温度，需要知道贮箱壁面材料比热容 c_w。一般情况下，该值是随温度而变化的。图 6 - 6 给出的是某铝合金比热容随温度的变化情况。

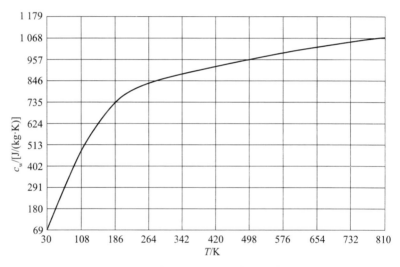

图 6 - 6　常用铝合金比热容变化曲线

6.4　气瓶充放气过程热力学分析

气瓶是液体运载火箭经常使用的装置，其主要作用是为箭上系统提供需要的气源。从气瓶的用途来看，主要有控制气瓶、吹除气瓶以及增压气瓶等；从气瓶的制造材料来看，主要有金属气瓶和复合材料气瓶；从在火箭上的应用环境来看，有常温气瓶，也有浸泡在低温推进剂中的低温气瓶；从外形上划分，有球形气瓶、柱状气瓶，以及环状气瓶等。

在气瓶的使用过程中，动力系统在设计时往往需要关注和掌握的重要内容之一就是气瓶在充放气过程中的温度和压力特性。直观上看，气瓶充气时会导致气瓶内气体和气瓶壁面温度上升；气瓶放气时则相反。在动力系统工程设计中，比较常见的气瓶主要是箭上增压类气瓶。在分析气瓶的充放气过程时假设：

1）气瓶内气体压力、温度等参数是瞬时均匀的；

2）气壁之间为径向传热，因气瓶为薄壁结构，忽略沿轴向的导热。

对于气瓶内气体，根据开口系统的热力学第一定律，可写出如下形式的能量守恒方程

$$\frac{\mathrm{d}U_b}{\mathrm{d}t} = -(Qb_1 + Qb_2) + \frac{\mathrm{d}W_{ext}}{\mathrm{d}t} + \mathrm{d}m_i \cdot h_i - \mathrm{d}m_o \cdot h_o$$

$$(6-64)$$

式中　U_b ——气瓶内气体的内能；

　　　Qb_1，Qb_2 ——气体分别与两部分介质接触后气瓶壁面的换热热流；

　　　W_{ext} ——外界对系统做的功，在气瓶充放气中，该项为 0；

　　　$\mathrm{d}m_i$，$\mathrm{d}m_o$ ——进入和流出气瓶的气体质量流量；

　　　h_i，h_o ——对应的流入和流出气瓶的气体比焓。

根据热力学焓的基本定义 $h = u + p \cdot V$，可推导得到

$$\frac{\mathrm{d}U_b}{\mathrm{d}t} = \frac{\mathrm{d}(H_b - p_b \cdot V_b)}{\mathrm{d}t} = \frac{\mathrm{d}(M_b \cdot h_b)}{\mathrm{d}t} - V_b \cdot \frac{\mathrm{d}p_b}{\mathrm{d}t} - p_b \cdot \frac{\mathrm{d}V_b}{\mathrm{d}t}$$

$$(6-65)$$

由于气瓶容积并不随时间变化，因此

$$\frac{\mathrm{d}U_b}{\mathrm{d}t} = \frac{\mathrm{d}(M_b \cdot h_b)}{\mathrm{d}t} - V_b \cdot \frac{\mathrm{d}p_b}{\mathrm{d}t} = M_b \cdot \frac{\mathrm{d}h_b}{\mathrm{d}t} + h_b \cdot \frac{\mathrm{d}M_b}{\mathrm{d}t} - V_b \cdot \frac{\mathrm{d}p_b}{\mathrm{d}t}$$

$$(6-66)$$

上式中气瓶内气体的比焓 h_b 实际是气瓶压力 p_b 和温度 T_b 的函

数，因此有如下形式

$$\frac{\mathrm{d}h_\mathrm{b}}{\mathrm{d}t} = \left(\frac{\partial h}{\partial T}\right)_p \cdot \frac{\mathrm{d}T_\mathrm{b}}{\mathrm{d}t} + \left(\frac{\partial h}{\partial p}\right)_T \cdot \frac{\mathrm{d}p_\mathrm{b}}{\mathrm{d}t}$$

$$= c_{p_\mathrm{b}} \cdot \frac{\mathrm{d}T_\mathrm{b}}{\mathrm{d}t} + \left[\frac{1}{\rho_\mathrm{b}} + \frac{T_\mathrm{b}}{\rho_\mathrm{b}^2} \cdot \left(\frac{\partial \rho}{\partial T}\right)_p\right]\frac{\mathrm{d}p_\mathrm{b}}{\mathrm{d}t}$$

(6 − 67)

代入式 (6 − 66)，有

$$\frac{\mathrm{d}U_\mathrm{b}}{\mathrm{d}t} = M_\mathrm{b} \cdot \left\{ c_{p_\mathrm{b}} \cdot \frac{\mathrm{d}T_\mathrm{b}}{\mathrm{d}t} + \left[\frac{1}{\rho_\mathrm{b}} + \frac{T_\mathrm{b}}{\rho_\mathrm{b}^2} \cdot \left(\frac{\partial \rho}{\partial T}\right)_p\right]\frac{\mathrm{d}p_\mathrm{b}}{\mathrm{d}t} \right\} +$$

$$h_\mathrm{b} \cdot \frac{\mathrm{d}M_\mathrm{b}}{\mathrm{d}t} - V_\mathrm{b} \cdot \frac{\mathrm{d}p_\mathrm{b}}{\mathrm{d}t}$$

(6 − 68)

另外，气瓶内气体质量可表示为

$$M_\mathrm{b} = V_\mathrm{b} \cdot \rho_\mathrm{b}(T_\mathrm{b}, p_\mathrm{b})$$

(6 − 69)

对式 (6 − 69) 两侧取导数，有

$$\frac{\mathrm{d}M_\mathrm{b}}{\mathrm{d}t} = V_\mathrm{b} \cdot \left[\left(\frac{\partial \rho}{\partial T}\right)_p \cdot \frac{\mathrm{d}T_\mathrm{b}}{\mathrm{d}t} + \left(\frac{\partial \rho}{\partial p}\right)_T \cdot \frac{\mathrm{d}p_\mathrm{b}}{\mathrm{d}t}\right]$$

(6 − 70)

为了将式 (6 − 68) 中的温度 T_b 项消除，则将式 (6 − 70) 表示为 T_b 的导数形式，即

$$\frac{\mathrm{d}T_\mathrm{b}}{\mathrm{d}t} = \frac{\dfrac{\mathrm{d}M_\mathrm{b}}{\mathrm{d}t} \cdot \dfrac{1}{V_\mathrm{b}} - \left(\dfrac{\partial \rho}{\partial p}\right)_T \cdot \dfrac{\mathrm{d}p_\mathrm{b}}{\mathrm{d}t}}{\left(\dfrac{\partial \rho}{\partial T}\right)_p}$$

(6 − 71)

将式 (6 − 71) 代入式 (6 − 68) 有

$$\frac{\mathrm{d}U_\mathrm{b}}{\mathrm{d}t} = M_\mathrm{b} \cdot \left\{ c_{p_\mathrm{b}} \cdot \left[\frac{\dfrac{\mathrm{d}M_\mathrm{b}}{\mathrm{d}t} \cdot \dfrac{1}{V_\mathrm{b}} - \left(\dfrac{\partial \rho}{\partial p}\right)_T \cdot \dfrac{\mathrm{d}p_\mathrm{b}}{\mathrm{d}t}}{\left(\dfrac{\partial \rho}{\partial T}\right)_p}\right] + \left[\frac{1}{\rho_\mathrm{b}} + \frac{T_\mathrm{b}}{\rho_\mathrm{b}^2} \cdot \left(\frac{\partial \rho}{\partial T}\right)_p\right]\frac{\mathrm{d}p_\mathrm{b}}{\mathrm{d}t} \right\} +$$

$$h_\mathrm{b} \cdot \frac{\mathrm{d}M_\mathrm{b}}{\mathrm{d}t} - V_\mathrm{b} \cdot \frac{\mathrm{d}p_\mathrm{b}}{\mathrm{d}t}$$

(6 − 72)

再将式 (6 − 72) 代入式 (6 − 64) 中，得到

$$\frac{\mathrm{d}p_{\mathrm{b}}}{\mathrm{d}t} = \frac{\left[\mathrm{d}m_{\mathrm{i}} \cdot h_{\mathrm{i}} - \mathrm{d}m_{\mathrm{o}} \cdot h_{\mathrm{o}} - \dfrac{\mathrm{d}M_{\mathrm{b}}}{\mathrm{d}t} \cdot h_{\mathrm{b}} - (Qb_1 + Qb_2)\right] \cdot \left(\dfrac{\partial \rho}{\partial T}\right)_p - M_{\mathrm{b}} \cdot c_{p_{\mathrm{b}}} \cdot \dfrac{\mathrm{d}M_{\mathrm{b}}}{\mathrm{d}t} \cdot \dfrac{1}{V_{\mathrm{b}}}}{\dfrac{T_{\mathrm{b}} \cdot V_{\mathrm{b}}^2}{M_{\mathrm{b}}}\left[\left(\dfrac{\partial \rho}{\partial T}\right)_p\right]^2 - M_{\mathrm{b}} \cdot c_{p_{\mathrm{b}}} \cdot \left(\dfrac{\partial \rho}{\partial p}\right)_T}$$

$$(6-73)$$

将式（6-73）代入式（6-71）中，得到

$$\frac{\mathrm{d}T_{\mathrm{b}}}{\mathrm{d}t} = \frac{\dfrac{T_b \cdot V_{\mathrm{b}}^2}{M_{\mathrm{b}}} \cdot \left(\dfrac{\partial \rho}{\partial T}\right)_p - \left(\dfrac{\partial \rho}{\partial p}\right)_T \cdot \left[\mathrm{d}m_{\mathrm{i}} \cdot h_{\mathrm{i}} - \mathrm{d}m_{\mathrm{o}} \cdot h_{\mathrm{o}} - \dfrac{\mathrm{d}M_{\mathrm{b}}}{\mathrm{d}t} \cdot h_{\mathrm{b}} - (Qb_1 + Qb_2)\right]}{\dfrac{T_b \cdot V_{\mathrm{b}}^2}{M_{\mathrm{b}}}\left[\left(\dfrac{\partial \rho}{\partial T}\right)_p\right]^2 - M_{\mathrm{b}} \cdot c_{p_{\mathrm{b}}} \cdot \left(\dfrac{\partial \rho}{\partial p}\right)_T}$$

$$(6-74)$$

式（6-73）和式（6-74）即为充放气过程的压力、温度变化计算关系式。

在气瓶的充放气分析中，往往涉及充放气流量的计算问题。在常规的系统设计中，一般会采用孔板或者其他节流元件控制增压气体的流量，而根据气体流动特性，当节流元件前后的压比发生变化时，流量特性也会随之变化。

根据气体动力学可以得到，气体流经节流元件的临界压比为

$$\beta_{\mathrm{ki}} = \left(\frac{2}{\gamma+1}\right)^{\frac{\gamma}{\gamma-1}} \tag{6-75}$$

根据实际流动的压力与临界压比的关系，可以得到不同状态下的流量关系。

亚声速流质量流量为

$$\mathrm{d}m_{\mathrm{i}} = \mu_{\mathrm{i}} \frac{\pi}{4} d_{\mathrm{i}}^2 \sqrt{2\rho_{\mathrm{i}} p_{\mathrm{i}} \frac{\gamma}{\gamma-1}\left[\left(\frac{p_{\mathrm{b}}}{p_{\mathrm{i}}}\right)^{\frac{2}{\gamma}} - \left(\frac{p_{\mathrm{b}}}{p_{\mathrm{i}}}\right)^{\frac{\gamma+1}{\gamma}}\right]} \quad \frac{p_{\mathrm{b}}}{p_{\mathrm{i}}} > \beta_{\mathrm{ki}}$$

$$(6-76)$$

声速流质量流量为

$$\mathrm{d}m_{\mathrm{i}} = \mu_{\mathrm{i}} \frac{\pi}{4} d_{\mathrm{i}}^2 \sqrt{\gamma\left(\frac{2}{\gamma+1}\right)^{\frac{\gamma+1}{\gamma-1}} \rho_{\mathrm{i}} p_{\mathrm{i}}} \quad \frac{p_{\mathrm{b}}}{p_{\mathrm{i}}} \leqslant \beta_{\mathrm{ki}} \tag{6-77}$$

上述表达式中，γ 为比热比；μ_{i} 为节流元件流量系数；d_{i} 为充气

孔板直径；ρ_i 为充气孔板入口的密度；p_i 为充气孔板前压力；p_b 为充气孔板后背压（近似为气瓶压力）。

在上述计算中涉及节流元件流量系数，该数据一般是根据试验来获取。在大量的试验基础上，实际建立了一些关联式，如常用的 Perry's 关系式

$$\mu = \left\{\left\{\left[\left(-1.682\,7 \cdot \frac{p_{dn}}{p_{up}} + 4.6\right) \cdot \frac{p_{dn}}{p_{up}} - 3.9\right] \cdot \frac{p_{dn}}{p_{up}} + 0.841\,5\right\} \cdot \frac{p_{dn}}{p_{up}} - 0.1\right\} \cdot$$

$$\frac{p_{dn}}{p_{up}} + 0.841\,4$$

$$(6-78)$$

式中　　p_{dn}——下游压力；

　　　　p_{up}——上游压力。

6.5　贮箱需要增压压力分析

6.5.1　贮箱结构设计需要压力

在液体运载火箭组件中，贮箱是火箭主体结构的一部分，承受和传递载荷。在贮箱设计中，根据圆柱段所承受的轴压、弯矩和内压载荷的具体情况，可分为受拉贮箱和受压贮箱。以 F_s 表示轴向载荷，M 表示弯矩，p_2 为箱内增压压力，则壳段的设计载荷可写为

$$F_j = \left(F_s + \frac{2M}{R} - \pi R^2 p_2\right)f \qquad (6-79)$$

或者

$$F_j = \left(F_s + \frac{2M}{R}\right)f_1 - \pi R^2 p_2 f_2 \qquad (6-80)$$

式中　　f, f_1, f_2——安全系数，是综合考虑外载荷、结构型式以及材料的不确定因素给出的；

　　　　R——贮箱的半径。

当 $F_j > 0$，贮箱壳段处于受轴压状态时，以轴压失稳作为主要设计因素；当 $F_j < 0$，贮箱壳段处于受拉状态时，按照强度准则进

行设计。对于沿壳段的圆周方向的环向应力，无论 F_j 是大于 0 还是小于 0，一般都是受拉的。

对于贮箱增压压力的提出，一般在贮箱的载荷分析中，结构设计单位根据总体提供的不同时段的特征载荷开展贮箱的载荷状态分析，并由此确定贮箱设计状态，同时提出对增压压力的需求。或者通过动力系统与结构系统进行耦合迭代优化，获得最优的工作压力需求。

6.5.2　发动机工作需要的压力

发动机涡轮泵工作时对泵入口压力有着严格的要求，以确保正常工作时泵不发生汽蚀，因此发动机需要的压力取决于泵最小汽蚀余度。

发动机泵在运转中，如果其过流部分（通常是叶轮叶片进口稍后处）因为某种原因，推进剂的绝对压力下降到当地温度对应的饱和蒸气压，推进剂便会出现汽化，形成气泡。当这些气泡向后运动时，由于压力提高，使气泡又急剧缩小以致破裂、凝结。在气泡凝结的同时周围的液体又会以高速填补留下的空间，因此出现水击现象。如果这种情况发生在固体壁面，将对过流部件产生严重的腐蚀。这种现象即为汽蚀。当发生汽蚀现象时，往往会伴随着噪声和振动，并对过流部件有强烈的破坏作用，同时会导致泵的性能出现下降，严重时甚至无法工作。

泵汽蚀过程分析模型如图 6-7 所示，分为四个截面，其中 0-0 截面为研究基准面，泵入口 1-1 截面距其高度为 H_1，位于叶片入口稍前的截面 2-2 距其高度为 H_2，叶轮内最易出现汽蚀的截面 3-3 距其高度为 H_3。为了研究截面 1 和截面 3 的压力关系，可分为两步开展，其一研究从截面 1 到截面 2 的情况，之后研究截面 2 到截面 3 的情况。对截面 1 至截面 2 可列出绝对运动形式的伯努力方程，即

$$H_1 + \frac{p_1}{\rho \cdot g} + \frac{v_1^2}{2g} = H_2 + \frac{p_2}{\rho \cdot g} + \frac{v_2^2}{2g} + h_{1-2} \qquad (6-81)$$

对截面 2 至截面 3 可列出相对运动形式的伯努力方程

$$H_2 + \frac{p_2}{\rho \cdot g} + \frac{w_2^2}{2g} - \frac{u_2^2}{2g} = H_3 + \frac{p_3}{\rho \cdot g} + \frac{w_3^2}{2g} - \frac{u_3^2}{2g} + h_{2-3}$$

$$(6-82)$$

联立式（6-81）和式（6-82），可得到

$$H_1 + \frac{p_1}{\rho \cdot g} + \frac{v_1^2}{2g} = H_3 + \frac{p_3}{\rho \cdot g} + \frac{w_3^2}{2g} - \frac{u_3^2}{2g} +$$

$$h_{2-3} - \frac{w_2^2}{2g} + \frac{u_2^2}{2g} + \frac{v_2^2}{2g} + h_{1-2}$$

$$(6-83)$$

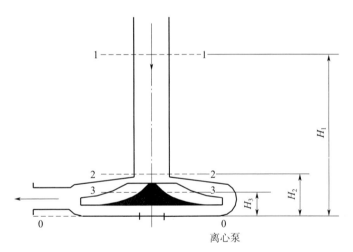

图 6-7　泵汽蚀过程分析模型

经整理，式（6-83）可变化为

$$\frac{p_1 - p_3}{\rho \cdot g} = \frac{v_2^2 - v_1^2}{2g} + \frac{w_2^2}{2g} \left[\left(\frac{w_3}{w_2} \right)^2 - 1 \right] + \frac{u_2^2 - u_3^2}{2g} + (H_3 - H_1) + h_{1-3}$$

$$(6-84)$$

一般令 $\lambda = \left(\dfrac{w_3}{w_2} \right)^2 - 1$，并称其为叶片进口绕流压降系数。上述

各式中，p、v、H 分别表示静压力、绝对速度和高度，w、u、h 分

别表示相对速度、圆周速度和水力损失压头；ρ、g 表示流体密度和当地重力加速度，下标"1""2""3"分别表示属于三个截面上的参数。式（6-84）给出的是从泵入口到泵内最易汽蚀处的压降组成情况。考虑到式中右边的第 3～5 项（分别表示圆周速度、液位高度、水力损失）属于小量，一般可以忽略，因此进一步简化，并经整理后得到

$$\underbrace{\frac{p_1}{\rho \cdot g} + \frac{v_1^2}{2g} - \frac{p_s}{\rho \cdot g}}_{\text{NPSH}} = \underbrace{\frac{v_2^2}{2g} + \lambda \cdot \frac{w_2^2}{2g}}_{\text{NPSH}_r} \tag{6-85}$$

式中　　p_s —— 对应于当地温度液体的饱和蒸气压。

一般称式（6-85）左侧为汽蚀余量 NPSH（也称净正吸头），右侧因为只与泵的内部设计相关，因此称为泵汽蚀余量 NPSH$_r$。对于泵所处系统在入口处所能提供的形式（6-85）左侧的高过饱和蒸气压的实际富裕能量，因为和具体系统装置相关，因此称为装置汽蚀余量 NPSH$_a$，如此有下列判断泵是否发生汽蚀的关系：

发生汽蚀 NPSH$_a$＝NPSH$_r$

发生严重汽蚀 NPSH$_a$＜NPSH$_r$

不发生汽蚀 NPSH$_a$＞NPSH$_r$

工程上，一般采用汽蚀性能试验获得泵的汽蚀特性。图 6-8 给出了液体火箭发动机泵水力试验系统示意图。该系统为闭式流动系统，既可以完成泵水力性能试验，也可完成汽蚀试验。在汽蚀试验中，泵通过地面电机加速到设定的转速。当泵进入稳定工作状态后，开启贮箱顶的排气阀（必要时关闭排气阀，同时打开系统真空泵，抽吸贮箱气枕，使之具有一定真空度，以进一步减小泵入口压力），发动机入口压力开始下降，此时观测发动机扬程变化情况（即通过试验泵前后的实测压差除去前后动压头贡献），当扬程下降至设定值时，记录此时对应的入口压力，并用下式计算出 NPSH

$$\text{NPSH} = \frac{(p_i + p_b - p_s)}{\rho \cdot g} + H_i + \frac{v_i^2}{2g} \tag{6-86}$$

式中　p_i——测量得到的入口表压；

　　　p_b——试验当地的大气压力；

　　　H_i——泵入口距基准面距离（一般忽略不计）；

　　　v_i——入口管流动速度。

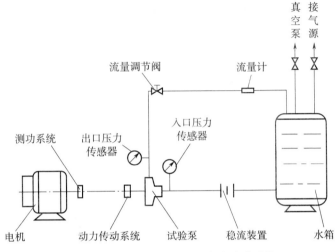

图 6-8　液体火箭发动机泵水力试验系统

　　动力系统设计时，为了提出发动机入口的最低工作压力需求，首先应通过试验获取发动机的临界汽蚀余量 $NPSH_c$，选取 1.1～1.5 倍余量后确定许用汽蚀余量 NPSH，即

$$(1.1 \sim 1.5) \times NPSH_c = [NPSH] = \frac{p_i}{\rho \cdot g} - \frac{p_s}{\rho \cdot g} + \frac{v_i^2}{2g}$$

$$(6-87)$$

6.5.3　贮箱需要增压压力计算

　　贮箱需要增压压力计算是动力系统设计的重要内容。贮箱需要增压压力的计算中需要考虑如下要素：

　　1）贮箱结构设计需要将增压压力直接作为内压载荷，而发动机则需要对泵入口提出要求，因此对于增压系统的设计还需要考虑从贮箱到发动机流路的特性。

2）受低温推进剂温度和饱和压力的关系约束，发动机泵入口压力要求一般为基于饱和压力的相对值。

3）输送系统不发生空化，参见式（5－35）。

为满足发动机泵入口压力所需要的贮箱压力，按照式（6－88）计算，即

$$p_x = p_{bx\sum} + \Delta p_s + \Delta p_{\sum} - N_x \rho g h + p_0 \qquad (6-88)$$

其中，液柱压力为

$$p_y = N_x \rho g h \qquad (6-89)$$

输送系统流阻损失为

$$\Delta p_{\sum} = \left(\lambda \frac{L}{d} + \sum \xi_i \right) \cdot \frac{\rho v^2}{2} \qquad (6-90)$$

式中　λ ——摩擦损失系数；

　　　L ——管长；

　　　d ——管内径；

　　　ξ_i ——各种局部阻力系数；

　　　ρ ——流体密度；

　　　v ——流动速度。

沿程流阻损失一般按照下式计算

$$\lambda = 0.003\,2 + 0.221 Re^{-0.237} \qquad (6-91)$$

$$Re = \frac{\rho d u}{\mu} \qquad (6-92)$$

$$\xi_1 = \lambda \frac{L}{d} = \frac{L}{d} (0.003\,2 + 0.221 Re^{-0.237}) \qquad (6-93)$$

式中　Re ——雷诺数；

　　　μ ——流体动力黏度。

局部流阻损失一般通过试验获得。

将贮箱结构内压载荷和空化抑制压力需求作为校核条件。

6.6　增压气体质量估算

在增压系统的设计中，在研制初期对于增压气体用量的估算是非常重要的内容。严格意义上，对于增压气体用量的分析应该根据增压计算来确定，但在此阶段，实际上往往又意味着设计条件的不确定，很多和增压相关的参数都处于待研究状态，甚至增压系统自身设计也尚未完成，在这样的条件下来相对准确和可信地完成对增压气体需求量的分析十分有必要，尤其在涉及气瓶增压或者增压方案比较时。源于该问题的重要意义和价值所在，在 20 世纪 60 年代就已经开展过很多的研究。这里对其中常用的方法进行介绍。

（1）NASA 无量纲化估算方法

根据气体状态方程可知，对增压气体总量的需求估计实际就是要对增压结束时气枕末温进行估算，即

$$W_{\text{Total}} = \frac{pVM_{\text{W}}}{\alpha R T_{\text{m}}} \tag{6-94}$$

式中　W_{Total} ——总的增压需求量；

　　　α ——气体的压缩因子；

　　　T_{m} ——气枕平均温度；

　　　p ——气枕压力；

　　　V ——气枕容积；

　　　M_{W} ——气体的摩尔质量。

结合增压过程，增压气枕平均温度是系统设计中 12 个变量、7个物性参数以及热功当量、重力常数的函数，即

$$T_{\text{m}} = f(J, g_{\text{C}}, M_{\text{W}}, k, \mu, c_p, r, T_{\text{o}}, T_{\text{L}}, \theta_{\text{T}}, V, A, h_{\text{a}}, T_{\text{a}}, c_{p\text{W}}, \rho_{\text{w}}, d_{\text{w}}, p, \dot{V}_{\text{L}}, A_{\text{D}}) \tag{6-95}$$

上述 19 个变量可以表述为 6 个基本量纲：长度（L）、质量（M）、时间（θ）、温度（T）、热（H）和力（F）。根据量纲分析的 π 定理，在一个包含 n 个变量的物理问题中，若含有 m 个基

本量纲，则这些变量可组合成 $n-m$ 个独立的量纲一参数。

$$\pi_1 = a_1 \left(\frac{\pi_2}{10^{14}}\right)^\beta \pi_3^\gamma \pi_4^\delta \pi_5^\epsilon \left(\frac{\pi_6}{10^{14}}\right)^\xi \left(\frac{\pi_7}{10^{14}}\right)^\lambda \exp\left[a_2 \left(\frac{\pi_2}{10^{14}}\right)^\omega \pi_3^\psi \left(\frac{\pi_8}{10^3}\right)^\tau \pi_9\right] \cdot$$

$$\exp\left[a_3 \left(\frac{\pi_2}{10^{14}}\right)^\phi \left(\frac{\pi_{10}}{10^5}\right)\right]$$

$$(6-96)$$

$$\pi_1 = \frac{T_m - T_L}{T_o - T_L} \tag{6-97}$$

$$\pi_2 = \frac{J g_c M_w^2 k (T_o - T_L)}{\mu^3 r^4} \tag{6-98}$$

$$\pi_3 = \frac{T_o - T_L}{T_L} \tag{6-99}$$

$$\pi_4 = \frac{\mu r \theta_T}{M_w} \tag{6-100}$$

$$\pi_5 = \frac{M_w k}{\mu r^2 (c_{pw} \rho_w d_w)} \tag{6-101}$$

$$\pi_6 = \frac{g_c M_w p V_i}{\mu^2 r^4} \tag{6-102}$$

$$\pi_7 = \frac{g_c M_w p}{\mu^2 r} \tag{6-103}$$

$$\pi_8 = \frac{h_a r}{k} \tag{6-104}$$

$$\pi_9 = \frac{T_a - T_L}{T_o - T_L} \tag{6-105}$$

$$\pi_{10} = \frac{M_w \dot{V}_L}{A_D \mu r^2} \tag{6-106}$$

经试验数据拟合得到如下参数：

$a_1 = 0.424, \xi = 0.141\ 6$

$a_2 = 0.002\ 10, \lambda = 0.062\ 0$

$a_3 = -0.029\ 2, \omega = 0.415$

$\beta = -0.132\ 2, \psi = 1.174$

$\gamma = -0.168\ 8, \tau = 0.765$

$\delta = -0.114\ 6, \phi = 0.151\ 0$

$\varepsilon = -0.078\ 0$

将这些参数代入式（6 - 96）即得到可用作估算气枕平均温度的关联式为

$$\frac{T_m - T_L}{T_o - T_L} = 0.424 \left(\frac{\pi_2}{10^{14}}\right)^{-0.132\ 2} (\pi_3)^{-0.168\ 8} (\pi_4)^{-0.114\ 6} (\pi_5)^{-0.078\ 0} \left(\frac{\pi_6}{10^{14}}\right)^{0.141\ 6} \left(\frac{\pi_7}{10^{14}}\right)^{0.062\ 0}$$

$$\cdot \exp\left[0.002\ 10 \left(\frac{\pi_2}{10^{14}}\right)^{0.415} (\pi_3)^{1.174} \left(\frac{\pi_8}{10^3}\right)^{0.765} \pi_9\right] \cdot \exp\left[-0.029\ 2 \left(\frac{\pi_2}{10^{14}}\right)^{0.151\ 0} \left(\frac{\pi_{10}}{10^5}\right)\right]$$

$$(6 - 107)$$

（2）Epstein - Anderson 关联式估算方法

除上述的关联式外，20 世纪 60 年代总结提出了 Epstein - Anderson 低温推进剂增压气体质量需求关联式，即

$$\frac{w_p}{w_p^0} = \left\{\left(\frac{T_0}{T_s} - 1\right)[1 - \exp(-p_1 C^{p_2})][1 - \exp(-p_3 C^{p_4})] + 1\right\} \times$$

$$\exp\left[-p_5 \left(\frac{1}{1+C}\right)^{p_6} \left(\frac{S}{1+S}\right)^{p_7} Q^{p_8}\right]$$

$$(6 - 108)$$

其中

$$w_p^0 = \rho_G^0 \cdot \Delta V \qquad (6 - 109)$$

$$C = \frac{(\rho \cdot c_p^0 \cdot t)_w}{(\rho \cdot c_p)_G^0 \cdot D_{eq}} \cdot \frac{T_s}{T_0} \qquad (6 - 110)$$

$$S = \frac{h_c \cdot \vartheta_T}{(\rho \cdot c_p)_G^0 \cdot D_{eq}} \cdot \frac{T_s}{T_0} \qquad (6 - 111)$$

$$Q = \frac{\dot{q} \cdot \vartheta_T}{(\rho \cdot c_p)_G^0 \cdot D_{eq} \cdot T_0} \qquad (6 - 112)$$

$$D_{eq} = \frac{4\Delta V}{A_{sw}} \qquad (6 - 113)$$

式中，$p_1 \sim p_8$ 为待定系数，其余参数含义见表 6 - 4。

表 6 - 4　式 (6 - 108) ～式 (6 - 113) 中各参数含义

序号	符号	含义	备注
1	C	箱壁和气体的热容比	
2	S	修订的斯坦顿数	
3	Q	外界输入总热量和气体有效热容之比	
4	w_p	总的增压气体质量	
5	w_p^0	无传热和传质情况下的增压气体质量	
6	T_0	贮箱入口增压气体温度	
7	T_s	初始箱压下推进剂饱和温度	
8	ρ_G^0	无传热和传质情况下箱内的增压气体密度	
9	ΔV	贮箱增压过程中容积增量	
10	t	贮箱箱壁厚度	
11	$(\rho \cdot c_p^0 \cdot t)_w$	贮箱密度×贮箱材料比热容×贮箱厚度	比热容为在入口气体温度下的值
12	$(\rho \cdot c_p)_G^0$	气体密度×气体的定压比热容	定压比热容为入口气体温度下的值
13	D_{eq}	贮箱等效直径	
14	h_c	气壁自然对流传热系数	
15	ϑ_T	增压的时间	
16	$\dot{q}$	外界传递给箱壁的热流	
17	A_{sw}	推进剂流出过程中推进剂自由液面扫过的贮箱表面积	

　　以氢箱为例，根据试验数据对氢箱增压过程进行拟合，得到如表 6 - 5 所示的拟合系数。利用该系数预测出的增压气体质量和试验结果之间的偏差在±14% 以内。

表 6 – 5　氢箱增压拟合系数表

估算方法	p_1	p_2	p_3	p_4	p_5	p_6	p_7	p_8
Epstein – Anderson	0.330	0.281	4.26	0.857	1.50	0.312	0.160	0.986
Revised Constants	0.300	0.291	5.71	0.906	1.50	0.312	0.160	0.986

6.7　增压过程能量分配

对于液体运载火箭而言，增压系统是满足发动机正常工作需要和结构承载需要的重要系统，主要通过向贮箱内注入增压气体来实现。无论是哪一种方案，贮箱内的增压过程从物理本质上就是能量在贮箱内的分配过程。而位于贮箱顶端的增压消能器，其功能和作用就是在减小增压气体速度对箱壁和液面的力、热冲击的作用的同时，实现能量合理分配，以完成对增压系统和全箭性能的优化。这种需求对于目前采用高温外能源气体（气瓶增压）对低温贮箱进行增压的系统而言更为迫切，其一方面需要通过对能量的合理分布来减少增压气体的耗量；另一方面也需要考虑增压气体在进行能量分配时对其他系统的影响，主要包括对结构设计温度和箱内设备温度的影响。

（1）典型消能器结构型式

针对消能器的影响问题，国外开展了大量的研究工作。图 6 – 9 给出的是 NASA 在 20 世纪 60 年代所开展的系列增压消能器试验中所使用的 6 种具体形式。这些结构基本涵盖了目前液体火箭常用的主要消能器形式，包括：1）锥形网筛结构；2）半球形网筛结构；3）柱形径向网筛结构；4）壁板反流结构；5）柱形多层网筛结构；6）直管轴流结构。根据试验结果，前 5 种结构确定的增压气体消耗量基本相当，偏差在 10% 以内，而第 6 种消能器则表现出了增压气体消耗量大幅度减小的趋势。但在采用直管轴流结构的初期，箱内压力出现了较大幅度的降低，这主要是因为对液面的冲击和初始气枕内的剧烈混合导致气体温度降低。

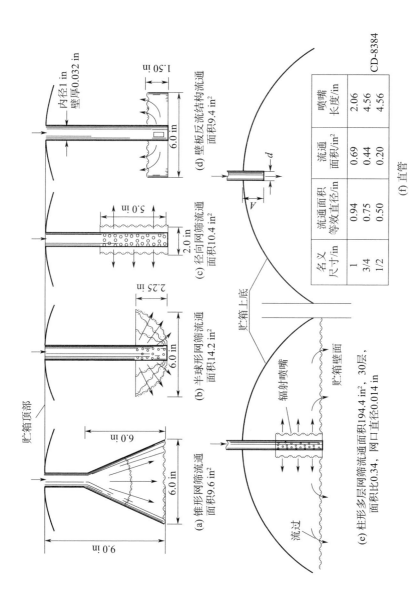

图 6 - 9　NASA 典型增压消能器形式（1 in＝0.025 4 m，1 m＝2.54 cm）

名义尺寸/in	流通面积等效直径/in	流通面积/in²	喷嘴长度/in
1	0.94	0.69	2.06
3/4	0.75	0.44	4.56
1/2	0.50	0.20	4.56

CD-8384

(a) 锥形网筛流通面积9.6 in²

(b) 半球形网筛流通面积14.2 in²

(c) 径向网筛流通面积10.4 in²

(d) 壁板反流结构流通面积9.4 in²

(e) 柱形多层网筛流通面积194.4 in²，30层，面积比0.34，网口直径0.014 in

(f) 直管

图 6-10 是使用气氢排挤直径为 1.52 m 球形贮箱内液氢增压试验时所使用的三种典型增压消能器：1）半球形网筛结构；2）柱形径向网筛结构；3）直管轴流结构。根据试验结果，前两种结构型式的消能器在对增压气体的消耗上基本相同，而直管轴流结构对增压气体的消耗相对较小。

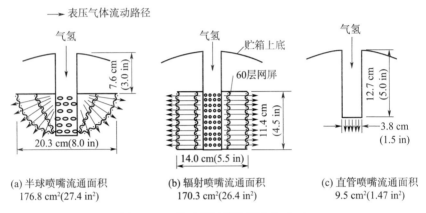

图 6-10　典型增压消能器形式（一）

图 6-11 是使用气氢排挤直径为 3.96 m 球形贮箱内液氢增压试验时所使用的两种典型增压消能器：1）半球形网筛结构；2）直管轴流结构。采用直管轴流结构对增压气体的需求相对较少，但在增压初期气枕压力出现了较大幅度的降低。

在 H-ⅡA 研制过程中，针对两种液氧箱增压消能器开展了试验研究。图 6-12 是在加强型动力试车中两种氧箱消能器形式对增压的影响情况。从压力历程曲线可以看出，不同形式消能器影响较大，原状态消能器由于增压气体扩散性不好，射流直接作用在液面上，导致箱内发生了较为强烈的伴随冷凝、蒸发的复杂物理过程，使得在初期增压能量损失较为严重，箱内压力出现了大幅降低。改进后的消能器注重对气流扩散充分性的考虑，使得增压气流速度较小，大大降低了其对液面和壁面的冲击，**确保了箱内增压过程相对平稳。**

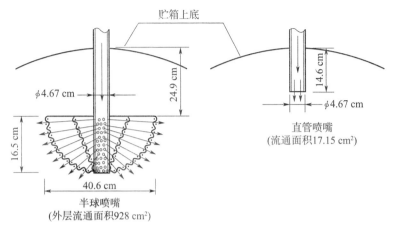

图 6 - 11   典型增压消能器形式（二）

（2）消能器对换热过程的组织

根据出流方向，增压消能器的结构基本可划分为三种：1）径向出流；2）轴向出流；3）出流方向介于 1）和 2）之间。显然不同方向上的出流对于实现箱内的换热组织过程的影响是不一样的。同时，不同的增压需求，对其具体的组织实现要求也不一样。由于飞行中推进剂在不断消耗，气壁换热面积也在不断增加，这使得气壁之间的换热实际伴随着飞行时间的增加而影响越发显著。从目前国内外所开展的不同形式的增压试验数据来看，气壁之间的换热量消耗了增压气体总输入能量的 $40\%\sim60\%$，而气液之间的消耗往往在 10% 以下。因此，如何利用或者抑制气壁之间的换热来减少对增压气体的消耗，同时平衡好箱压与贮箱设计温度之间的关系等问题，就成为增压消能器设计的重要内容。

（3）不同使用条件对消能器形式的需求

由于低温动力系统的设计需求不同，增压消能器形式也不同。进入贮箱的气体温度，一般有高温、常温、低温（和推进剂温度相当，或者更低）三种。对于高温增压，往往是期望通过高温来减少

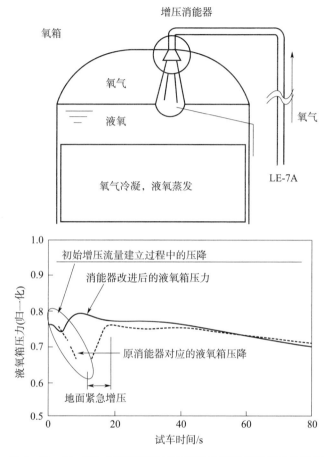

图 6-12　H-IIA 火箭加强型试车中两种消能器对增压的影响

对增压气体的需求，但需要额外的加温设备；对于常温增压，往往是考虑减少对加温设备的要求，力图使系统简化；低温增压一般用于带二次滑行段上面级，主要是为了减少滑行过程中需要的补压系统而设。但不管是什么增压系统，通过优化箱内的能量分配过程，减少需要的增压气体量，始终是增压系统设计人员所追求的最高目标，这个过程就需要结合消能器的形式来实现。

　　一般来讲，对于采用高温、常温气体进行增压的系统，原则上需要避免与箱壁的直接换热，可考虑采用轴向出流方式的消能器。对于增压系统采用低温或者更低温度的增压气体的情况，为了减少对于增压气体的消耗，往往需要考虑通过加强与壁面的换热来提升增压效率。对于这种情况，宜采用径向出流方式消能器。

第7章 低温火箭 POGO 抑制设计

7.1 POGO 机理

跷振（POGO）是指液体火箭结构系统与动力系统振动特性相互耦合而产生的纵向不稳定低频振动，因其振动形态与玩具"POGO Stick"相似而得名，如图 7-1 所示。

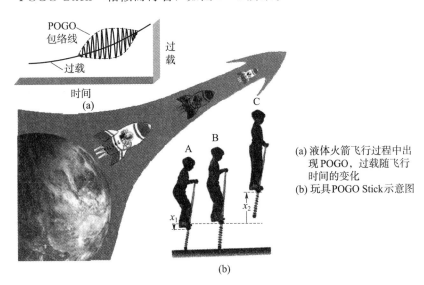

(a) 液体火箭飞行过程中出现 POGO，过载随飞行时间的变化

(b) 玩具 POGO Stick 示意图

图 7-1 POGO 描述

POGO 产生的过程为：当火箭飞行中的随机扰动使输送管路中液体产生流量脉动时，会引起发动机推力脉动；推力脉动可进一步激励火箭结构的纵向振动，纵向振动通过惯性力的形式作用在流体上，又引起输送管路中液体的流量脉动，火箭结构系统振动和动力

系统压力脉动（推力脉动）形成一个闭合回路（见图 7-2）。如果火箭结构纵向振动与动力系统推力脉动的固有频率相等或相近，且回路的正反馈达到一定强度，则系统不稳定，在火箭飞行过程中就会产生 POGO。

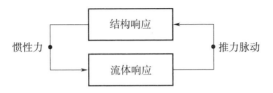

图 7-2　POGO 中结构和流体形成的闭合回路

POGO 本质上是一种不稳定的自激振动，在系统参数不变的条件下振幅理论上将发散至无穷大。但真实火箭飞行过程中，由于推进剂消耗、结构模态特性和动力系统动态特性随时间而变，通常产生纺锤状的振动响应形式。

根据对国内外运载火箭出现 POGO 的过程统计分析，POGO 有如下特点：

1）可发生在火箭飞行的各个时刻，但主要发生在发动机关机前的一段时间。

2）持续时间较长，从发生到完全消失的时间可能达到约 50 s。

3）属于低频定振，频率范围是 5～60 Hz。

4）振动量级范围较宽，有效载荷处的振级一般在 5g 以下，但在钻石-B 上出现时高达 17g；在发动机处的振级一般均低于 10g，但在土星Ⅴ/阿波罗 13 任务上高达 34g，如图 7-3 所示。

POGO 是一种潜在的危险，对运载器的安全性和可靠性影响较大。一旦出现 POGO，可能对火箭飞行产生如下影响：

1）飞行失败。如苏联的 N-1 火箭第 4 次飞行、H-Ⅱ 火箭的第 7 次和第 8 次飞行，以及钻石火箭都因 POGO 导致飞行失败。

2）威胁航天员健康。较大的低频振动会引起航天员视力模糊等情况。

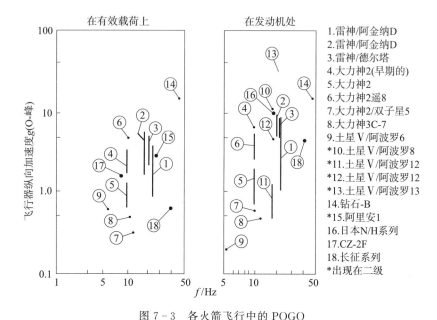

图 7-3　各火箭飞行中的 POGO

3）发动机关机。如大力神 2 第 8 次飞行和土星 V 发射阿波罗 13，POGO 导致发动机提前关机。

4）影响有效载荷及箭体结构。如雷神/德尔塔、N-2/H-1 系列火箭由于 POGO 量级较大，有效载荷与仪器设备可靠性受到影响。

如何有效抑制甚至消除 POGO 已成为当今液体运载火箭设计过程中的关键技术，也是载人宇航飞行的重要前提条件之一。POGO 对载人运载火箭的可靠性提出了更高要求，需要在型号研制初期深入研究。

7.2　POGO 稳定性分析

POGO 稳定性分析方法大致可分为频域方法和时域方法两类，两者所用的都是系统线性化模型，包括频率窗口法、传递函数法、稳定性相图法、状态空间法等。本书重点介绍工程上常用的状态空间法。

7.2.1　传递函数模型

（1）频率窗口法

大力神 2 的 POGO 抑制设计初期，在不断地尝试和探索中发现动力系统频率对火箭的 POGO 稳定性有显著的影响。从飞行经验出发，逐渐形成了通过调整动力系统频率来实现抑制 POGO 的方法，这种 POGO 抑制设计方法叫频率窗口法。频率窗口法基于"安全频率窗口"（见图 7-4），其目标是防止动力系统频率和结构系统频率相交或者相近，主要技术途径为在推进剂输送管路上设置合适的 POGO 抑制装置（如蓄压器）。

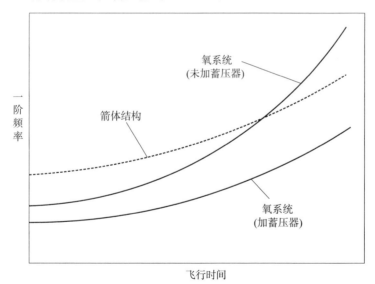

图 7-4　安全频率窗口示意图

频率窗口法在蓄压器设计中应用广泛，在动力系统和结构系统动力特性基本明确的情况下，在频率窗口中找出危险点（频率相近或相交的位置），利用蓄压器的变频特性，将动力系统频率和结构系统频率隔开。这种方法简单直观，方便用于指导蓄压器的设计。但是，频率窗口法无法给出系统稳定性的量化指标，频率接近的程度不能作为稳定边界的量化关系。

（2）频域传递函数法

在大力神 2 的 POGO 抑制设计后期和土星 V 火箭的 POGO 抑制设计过程中，POGO 耦合分析理论逐渐形成，将动力系统和结构系统的特性分别用传递函数描述，形成闭合回路，利用控制理论的方法进行稳定性分析。

首先将动力系统按照组成特点划分为多个组件，各个部件由四端口传递函数描述，结合动力系统边界条件，可建立起动力系统传递函数 $H(s)$ 和结构系统的传递函数 $G(s)$，得到如图 7-5 所示以广义力和纵向振动坐标联结的模型。

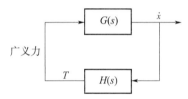

图 7-5　POGO 系统传递函数模型

基于上述传递函数模型，工程上成熟的稳定分析方法主要有开环传递函数法和临界阻尼比法。

①开环传递函数法

若以发动机处纵向振动速度 $\dot{x}$ 为振动特征量，在广义力 T 处断开，可求得系统的开环传递函数

$$\Phi(s) = G(s)H(s) \qquad (7-1)$$

根据开环频率特性，作出幅相图、伯德图，可按经典控制理论中的稳定性判据分析 POGO 稳定性。

②临界阻尼比法

系统处于临界稳定状态时所需的结构阻尼比为

$$\zeta_c = \overline{H}_R G_{ne} / (2\omega_n) \qquad (7-2)$$

式中　$\overline{H}_R$ —— $H(j\omega_n)$ 的实部；

　　　G_{ne} ——结构增益；

　　　ω_n ——结构固有频率。

若结构实际阻尼比 $\zeta_n > \zeta_c$，则火箭系统是稳定的，后者便不稳定。

传递函数法在国内外多个型号的 POGO 抑制设计中成功应用。相比于频率窗口法，传递函数法从稳定性的角度对系统稳定性进行分析，能给出系统稳定性的量化分析结果。

7.2.2　状态空间模型

在宇宙神 2/半人马座运载火箭的 POGO 稳定性分析的过程中，美国 Bohdan W. Oppenheim 和 Sheilon Rubin 等学者提出了状态空间法，摆脱了以往频域模型的限制，借鉴有限元方法对动力系统进行建模。对动力系统的各基本部件，建立统一形式的二阶振动微分方程，然后对振动方程的特征值进行分析。

状态空间法能处理动力系统各部件的任意运动，能直接进行特征值和特征向量求解和 POGO 稳定性灵敏度和稳定裕度的估计，同时可扩展性好，易于编程实现，因此得到了广泛应用。

POGO 稳定性分析模型包括动力系统模型、结构系统模型以及耦合作用力三个部分，各系统具体的模型如下。

7.2.2.1　动力系统模型

动力系统的动力学模型中压力、流量均采用脉动分量，脉动分量是相对于当地结构纵向振动的相对脉动量。动力系统的数学模型主要包括贮箱、输送管（可压缩管路）、蓄压器、离心泵、推力室预燃室、燃气管路等部件模型。

（1）贮箱

$$I_t \cdot \frac{dQ_{tb}}{dt} = -p_{tb} - R_t \cdot Q_{tb} - \rho H_t \ddot{X}_{zx} \qquad (7-3)$$

式中　I_t ——贮箱内推进剂的惯性；

p_{tb}，Q_{tb}——贮箱底部的压力脉动和相对流量脉动；

$\ddot{X}_{zx}$——贮箱内液体质心的纵向振动加速度；

R_t——贮箱液面至输送管入口的流阻系数；

H_t——贮箱内液面高度。

（2）可压缩管路

为了便于模块化建模，对管路进行有限元划分（见图7-6），建立如下状态方程形式的动力学模型。

$$\frac{\mathrm{d}p_i}{\mathrm{d}t} = k_i(Q_{i-1} - Q_i) \qquad i = 0, 1, \cdots, N \qquad (7-4)$$

$$k_i = \frac{a^2}{V_i} = \frac{N \cdot a^2}{LA} \qquad i = 1, 2, \cdots, N-1 \qquad (7-5)$$

$$I_i \cdot \frac{\mathrm{d}Q_i}{\mathrm{d}t} = p_i - p_{i+1} - R_i Q_i - \rho H_i \ddot{X} \qquad i = 0, 1, \cdots, N-1$$

$$(7-6)$$

式中　k_i——每个中间管路单元的刚度；

V_i——管路单元容积；

L、A、a——管路的长度、横截面面积以及管路中流体的声速；

$\ddot{X}$——管路纵向振动加速度；

H_i——每个管路单元在振动方向上投影的长度；

Q_{i-1}，Q_N——管道进出口流量边界条件，表示管路入口和出口参数。

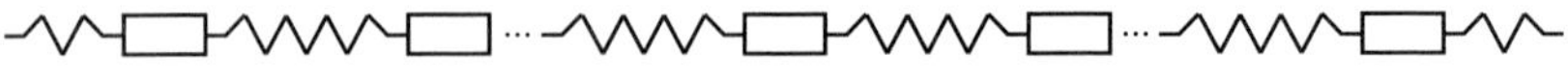

图7-6　可压缩管路有限元示意图

（3）蓄压器

$$\frac{\mathrm{d}p}{\mathrm{d}t} = \frac{1}{C_a} \cdot (Q_i - Q_e) \qquad (7-7)$$

$$C_a = \rho \frac{p_0 V_0}{\gamma p^2} \cdot \frac{T}{T_0} = \rho \frac{p_0 V_0}{\gamma p^2} \cdot \left(\frac{p}{p_0}\right)^{\frac{n-1}{n}} \tag{7-8}$$

式中　C_a ——蓄压器的柔度；

n ——飞行过程中膜盒内气体的多变指数，模型中未考虑蓄压器入口的阻力及惯性的影响。

（4）离心泵

发动机离心泵的模型可分为两个部分，第一部分描述泵入口汽蚀区的可压缩性，第二部分考虑流体在泵叶轮通道中的不可压缩流动。

$$\frac{\mathrm{d}p_i}{\mathrm{d}t} = \frac{1}{C_b} \cdot (Q_i - Q_e) \tag{7-9}$$

$$I_p \frac{\mathrm{d}Q_e}{\mathrm{d}t} = (m+1) p_i - p_e - R_p Q_p \tag{7-10}$$

式中　C_b，$(m+1)$，I_p，R_p ——泵的汽蚀柔度、动态增益、惯性和阻力系数，这些参数主要依靠试验获得；

Q_i，p_e ——进出口边界条件。

（5）推力室

推力室的数学模型描述的是燃烧室入口氧化剂和燃烧剂流量脉动所引起的燃烧室压力脉动。

$$\tau_c \frac{\mathrm{d}p_c}{\mathrm{d}t} = \frac{\overline{C^*}}{A_t} \left\{ \left(1 + \frac{1+\overline{r}}{\overline{C^*}} \cdot \frac{\partial C^*}{\partial r}\right) \cdot Q_o + \left[1 + \frac{\overline{r}(1+\overline{r})}{\overline{C^*}} \cdot \frac{\partial C^*}{\partial r} \cdot Q_f\right] \right\} - p_c \tag{7-11}$$

式中　p_c ——燃烧室压力脉动；

τ_c ——燃烧室时间常数，由燃烧时滞和燃气停留时间两部分组成；

$\overline{r}$，$\overline{C^*}$ ——燃烧室额定工况下的混合比和特征速度；

A_t ——燃烧室的喉部面积；

C^* ——燃烧室内工质流速；

Q_o ——氧化剂流量脉动值；

Q_f ——燃烧剂流量脉动值。

（6）预燃室

预燃室建模时将其分为两个部分来考虑：第一部分为燃烧区，推进剂在燃烧区燃烧之后，生成的燃气与燃烧区的滞留燃气瞬时均匀混合；第二部分为流动区，这个区域连同后面的燃气导管一起按绝热流动进行建模。燃烧区的数学模型主要描述了预燃室入口推进剂流量脉动对燃烧区燃气压力和密度（或者温度）的影响。

$$\frac{\mathrm{d}p}{\mathrm{d}t} = \frac{\gamma}{V} \left[\frac{\overline{p}}{\overline{\rho}} \cdot (q_{mo} + q_{mf}) - (\overline{p} u_e + p \, \overline{u_e}) A \right] \quad (7-12)$$

$$\frac{\mathrm{d}\rho}{\mathrm{d}t} = \frac{1}{V} \left[(q_{mo} + q_{mf}) - (\overline{\rho} u_e + \rho \, \overline{u_e}) A \right] \quad (7-13)$$

式中　$\overline{p}$——预燃室稳态压力；

　　　$\overline{\rho}$——稳态密度；

　　　$\overline{u_e}$——稳态流速；

　　　V——燃烧区容积；

　　　q_{mo}——氧化剂质量流量；

　　　q_{mf}——燃烧剂质量流量。

（7）燃气管路

燃气管路数学模型不考虑摩擦、与管壁的热交换和气体之间的轴向热传导，则描述一维气体流动的控制方程为

$$\frac{\partial(\rho A)}{\partial t} + \frac{\partial(\rho u A)}{\partial x} = 0 \quad (7-14)$$

$$\frac{\partial(\rho u A)}{\partial t} + \frac{\partial(\rho u^2 A + p A)}{\partial x} = p \, \frac{\partial A}{\partial x} \quad (7-15)$$

$$\frac{\partial\left(e\rho A + \frac{u^2}{2}\rho A\right)}{\partial t} + \frac{\partial\left(e\rho u A + \frac{u^2}{2}\rho u A + p u A\right)}{\partial x} = 0 \quad (7-16)$$

式中　e——内能。

对于等截面管路，在对上述控制方程进行小偏差线性化处理之后，对燃气管路进行分段，最终得到如下形式的描述燃气绝热流动过程的常微分方程组，即

$$\frac{\mathrm{d}\rho_i'}{\mathrm{d}t} = \frac{1}{\Delta L}\left[\overline{\rho}(u_i - u_{i+1}) + \overline{u}(\rho_i - \rho_{i+1})\right] \tag{7-17}$$

$$\frac{\mathrm{d}u_i'}{\mathrm{d}t} = \frac{1}{\Delta L}\left[\overline{u}(u_i - u_{i+1}) + \frac{1}{\overline{\rho}}(p_i - p_{i+1})\right] \tag{7-18}$$

$$\frac{\mathrm{d}p_i'}{\mathrm{d}t} = \frac{1}{\Delta L}\left[\gamma\overline{p}(u_i - u_{i+1}) + \overline{u}(p_i - p_{i+1})\right] \tag{7-19}$$

7.2.2.2　结构系统模型

结构系统是指箭体结构以及其内部的推进剂，与传统的振动理论一样，对结构系统的建模可以采用模态方程。结构上任意一点 i 在时刻 t 的位移 $r_i(t)$ 可以表示为各个模态贡献的位移 $r_{ni}(t)$ 之和，即

$$r_i(t) = \sum_{n=1}^{N} r_{ni}(t) = \sum_{n=1}^{N} \varphi_{ni}q_n(t) \tag{7-20}$$

式中　φ_{ni} ——第 n 阶结构模态在 i 点的振型值；

　　　$q_n(t)$ ——第 n 阶模态在时刻 t 的模态位移，其控制方程为

$$M_n(\ddot{q}_n + 2\zeta_n\omega_n\dot{q}_n + \omega_n^2 q_n) = F_n \tag{7-21}$$

式中　M_n ——第 n 阶结构模态质量；

　　　ζ_n ——第 n 阶结构模态阻尼；

　　　ω_n ——第 n 阶结构模态频率；

　　　F_n ——结构受到的广义力，它是动力系统作用于结构的所有力的总和，即

$$F_n = \sum_i F_{ni} = \sum_i F_i \cdot \varphi_{ni} \tag{7-22}$$

式中，F_i 是动力系统的第 i 个组件对结构的作用力。

7.2.2.3　耦合作用力

动力系统作用于结构系统上的耦合作用力除了发动机产生的脉动推力之外，还有来自贮箱和输送管路内流体脉动而产生的虚拟力。之所以会产生虚拟力，是因为要把推进剂固化在结构上，以确定箭体结构的纵向振动。

（1）发动机推力

$$F_c = -N_e C_F p_c A_t \qquad (7-23)$$

式中　　p_c——燃烧室压力脉动；

　　　　C_F——推力室的推力系数；

　　　　N_e——发动机的台数。

在动力系统的模型中，取推进剂的流动方向为正方向，所以推力室产生的脉动推力取负号。

（2）输送管路作用力

$$F_d = \sum_{i=0}^{N-1} F_{di} = \sum_{i=0}^{N-1} (p_i A - p_{i+1} A - H_i Q_i) \qquad (7-24)$$

式中　　p_i——第 i 个管路单元的压力脉动；

　　　　p_{i+1}——第 $i+1$ 个管路单元的压力脉动；

　　　　Q_i——第 i 个管路单元的流量脉动；

　　　　H_i——分段输送管长。

7.2.2.4　稳定性分析

根据前文给出的动力系统和结构系统的数学模型，可以建立如下形式的 POGO 耦合系统状态方程组，即

$$\frac{\mathrm{d}X}{\mathrm{d}t} = \boldsymbol{A}X \qquad (7-25)$$

式中　$\boldsymbol{X}$——由动力系统的压力脉动和流量脉动、结构系统的广义位移组成的列阵；

　　　$\boldsymbol{A}$——系数矩阵。

根据矩阵 $\boldsymbol{A}$ 的特征值可以判断 POGO 耦合系统的动态特性，一般矩阵 $\boldsymbol{A}$ 的特征值具有共轭复数对的形式，即

$$\lambda = \sigma \pm \mathrm{i}\Omega \qquad (7-26)$$

或者采用与其对应的固有频率 ω 和阻尼比 ζ 表示，即

$$\lambda = -\zeta\omega \pm \mathrm{i}\sqrt{1-\zeta^2}\,\omega \qquad (7-27)$$

其中

$$\omega = \sqrt{\sigma^2 + \Omega^2}, \ \zeta = -\frac{\sigma}{\omega} \qquad (7-28)$$

根据线性系统理论，当矩阵 **A** 的特征值 λ 的实部大于零（即 ζ＜0）时，响应将会逐渐发散而失去稳定性，所以可以根据阻尼比的正负来判断 POGO 耦合系统是否稳定。

7.3　低温火箭 POGO 抑制技术

从国内外液体火箭 POGO 抑制技术的发展来看，POGO 抑制的主要思路仍是通过设置抑制装置来改变动力系统的动态特性，POGO 抑制装置均安装于动力系统中。国内外 POGO 抑制装置经历了贮气式（封闭容腔）蓄压器、注气式蓄压器、主动抑制装置的发展历程。贮气式蓄压器一般应用于小中型火箭上，而中大型运载火箭均优先选择注气式蓄压器，蓄压器气枕容积已达到 $50 \sim 70$ L 量级。同时，近年来随着控制系统理论的发展，实时主动式 POGO 控制系统也开展了概念和方案研究。

基于技术原理和工作效能的不同，目前国内外公认的且具有工程应用价值的 POGO 抑制方法可分为三类，即被动 POGO 抑制、半主动 POGO 抑制、主动 POGO 抑制（见图 7 - 7）。

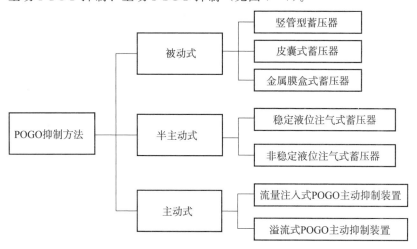

图 7 - 7　POGO 抑制方法分类

（1）被动 POGO 抑制

被动 POGO 抑制方法是指利用封闭气腔改变动力系统频率特性的方法，这种方法一般在推进剂输送管路上安装蓄压器，蓄压器充入一定压力和容积的惰性气体，火箭飞行过程中不再对蓄压器进行任何操作。随着输送管路推进剂压力的变化，蓄压器容积也相应变化。贮气式蓄压器一般包括竖管型蓄压器、皮囊式蓄压器、金属膜盒式蓄压器等。

当纯柔性被动 POGO 抑制蓄压器（阻力、惯性很小）安装于输送管路末端时，管路系统一阶频率近似与蓄压器入口压力成正比，即 $f_0 \propto p_m$。

（2）半主动 POGO 抑制

半主动 POGO 抑制方法是指利用开放式的气腔改变动力系统频率特性的方法，火箭飞行过程中不断向蓄压器（安装于管路上）充入气体，这种蓄压器称为注气式蓄压器。蓄压器工作过程中多余的气体排出输送管或者箭体，这种方法所用装置的气枕容积一般不随入口压力而变，具有液位自行调节的能力。根据注气式蓄压器液位控制结果的不同，可以分为稳定液位注气式蓄压器和非稳定液位注气式蓄压器两种。

当纯柔性半主动 POGO 抑制蓄压器（阻力、惯性很小）安装于输送管路末端时，管路系统一阶频率近似与蓄压器入口压力成正比，即 $f_0 \propto \sqrt{p_m}$。

（3）主动 POGO 抑制

主动 POGO 抑制方法通过实时感知系统某个或多个脉动参数的变化，按照一定的控制策略向作动器发出控制指令，作动器直接作用于动力系统管路，主动削弱或者消除动力系统流量和压力的波动。该系统主要由脉动数据采集处理装置、综合控制器、伺服系统作动装置等组成。

这种方法可抑制的脉动频带较宽，不局限于管路固有频率的调整，可通过控制算法的优化整定，实现 POGO 抑制系统的通用化设计。

7.3.1　膜盒式蓄压器 POGO 抑制

7.3.1.1　膜盒式蓄压器方案

膜盒式蓄压器最早应用于美国大力神 3 运载火箭一级氧化剂输送管上，如图 7-8 所示。该蓄压器也作为土星 V 运载火箭的备件。蓄压器安装在发动机氧化剂泵入口法兰上游，蓄压器上安装 2 个膜盒，膜盒用 O 形密封圈、螺栓、垫圈和螺母装到中间壳体上。该金属膜盒能够承受较高的水击压力，且膜盒气密性及耐蚀性较好，能够经受四氧化二氮的腐蚀。火箭发射前将膜盒充气至 0.345 MPa（绝压），通过膜盒上的压力传感器和位移传感器测量值，获取飞行中膜盒内气体压力的变化。

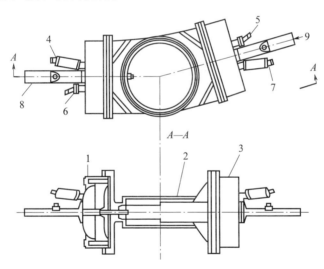

图 7-8　大力神 3 膜盒式蓄压器结构示意图

1、3—膜盒；2—蓄压器壳体；4、5—膜盒充气口；6、7—压力传感器；8、9—位移传感器

金属膜盒式蓄压器结构型式如图 7-9 所示。

7.3.1.2　膜盒式蓄压器关键技术

低温膜盒组件设计技术为蓄压器研制过程中的关键技术，膜盒

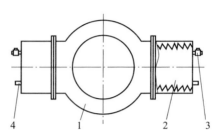

图 7 - 9　双侧金属膜盒式蓄压器简图

1—壳体；2—膜盒；3—充气开关；4—传感器

在蓄压器工作中承担着承压、密封以及通过外压进行拉伸和压缩，改变增压输送管路频率的功能。膜盒的故障形式主要是膜盒泄漏和膜盒失稳。膜片材料可以考虑选用具有良好的高、低温强度和疲劳强度的金属材料。膜盒充压不宜过高，同时提高焊缝性能，避免膜盒泄漏；膜盒组件的长度不宜过长，同时设计导向结构，避免膜盒失稳。

膜盒制造重点要解决膜盒的焊接问题，膜盒目前多采用等离子焊接的方式。为提高现有焊接金属膜盒的可靠性，有必要摸索新的焊接方式。扩散焊接是采用加压和加温真空的方式，使相互接触的材料表面通过表层原子间的扩散和键合形成冶金连接过程。这种方法不会引起零件的宏观变形、熔化或相对运动，其焊接强度可以接近母材的强度。另外，低温蓄压器一般应用于液氧输送管上，其工作环境为液氧温区。蓄压器的绝热好坏直接影响着低温蓄压器膜盒内气体与外界的漏热效果，进而影响膜盒内气体的稳定温度。当低温蓄压器采用常温充压方案时，降温后的气体温度决定了所能提供的抑制 POGO 的能量值。低温蓄压器的绝热结构分为两种：硬质发泡绝热和软发泡绝热。低温蓄压器上的密封涉及管路与蓄压器壳体的密封，蓄压器壳体与膜盒的密封，膜盒与压力传感器、温度传感器和充气开关等的密封，具体结构方案可与管路系统的密封统一设计。

7.3.2 注气式蓄压器 POGO 抑制

7.3.2.1 注气式蓄压器的应用

与贮气式蓄压器不同，注气式蓄压器在工作过程中会有持续的气体注入，并蓄留一定体积的气体，多余气体按一定的方式排出蓄压器。国外典型的注气式蓄压器方案有以下几种。

(1) 土星Ⅴ一级

土星Ⅴ一级的注气式蓄压器与泵前阀一体化设计（见图 7 - 10），安装在外围四台发动机氧泵的入口处。每个蓄压器气枕容积约 59 L，蓄压器壁面自上而下安装 4 个温度传感器，用以判断蓄压器内的气液界面位置。

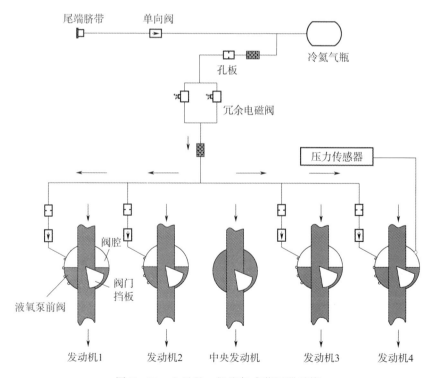

图 7 - 10 土星Ⅴ一级注气式蓄压器系统

　　蓄压器中的氦气由氧箱内的冷氦气瓶提供。为避免影响发动机正常起动，点火前蓄压器预充氦气容积不超过总容积的 80%。发动机起动完成后，开始向蓄压器连续供气，10 s 后充满整个蓄压器，并在整个飞行过程中不间断地充气。蓄压器充满后，过剩的气体进入液氧输送管。

　　（2）土星 V 二级

　　土星 V 二级蓄压器是一个容积约 14 L 的环形容腔（见图 7-11），安装在液氧泵前管路上，蓄压器顶部有氦气注入口，下部通过两排小孔与管路相通。

　　发动机起动前蓄压器中充满液氧。发动机起动后，当推力达到约 90% 额定推力时，氦气开始注入蓄压器。

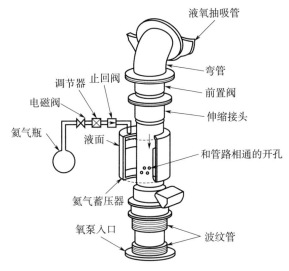

图 7-11　土星 V 二级注气式蓄压器

　　（3）航天飞机

　　航天飞机使用的注气式蓄压器呈球形（见图 7-12），安装在液氧高压泵入口。为防止液体晃动，内部装有防晃挡板，并在气液分界面处放置 3～4 层塑料小球。充气入口处装有气体扩散器，可避免不必要的充气干扰。在与管路连接处安装有表面张力网栅，防止蓄压器内的不必要气体渗透到管路中去，通过溢出管路维持气液界面位置，如图 7 - 13 所示。

图 7 - 12　航天飞机球形蓄压器

在飞行的大部分时间里，蓄压器采用高温氧气作为介质，利用气态氧控制阀控制从热交换器到蓄压器的氧气流，蓄压器内的气液混合物通过溢流管，循环流入低压泵上游的管路中。进入发动机之前，所有的气氧都已液化。在发动机起动过程中蓄压器内注入氦气，氦气由航天飞机上的氦气气源提供。

（4）天顶号一级

天顶号一级蓄压器安装在液氧管路上（见图 7 - 14）。在蓄压器的气液界面处设置排出口，过剩的气体和液体都直接被排到外界。推进剂加注阀门连接在蓄压器球形壳体上。蓄压器的气枕和燃料贮箱下的环形气瓶相连，增大了蓄压器内气体容积。

蓄压器中氦气的注入流量由压力传感器和阀门控制，氦气由箭上的冷氦气瓶提供。

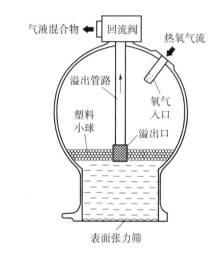

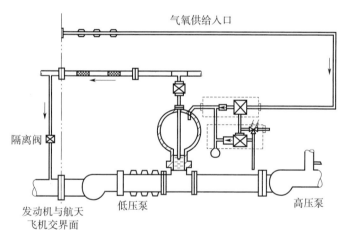

图 7-13　航天飞机注气式蓄压器安装位置

（5）阿瑞斯 I 上面级

阿瑞斯 I 上面级采用如图 7-15 所示的环形蓄压器，底部通过两排环形的阵列小孔和管路相通，注入的氦气由液氧贮箱增压用的氦气源提供。发动机起动前，上端的氦气注入口用作蓄压器的预冷通道。液面控制端口通向箭外泄出口，多余的氦气直接排到箭体外。

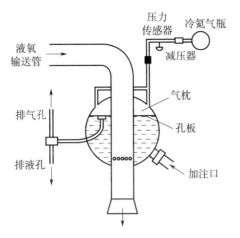

图 7 - 14   天顶号注气式蓄压器

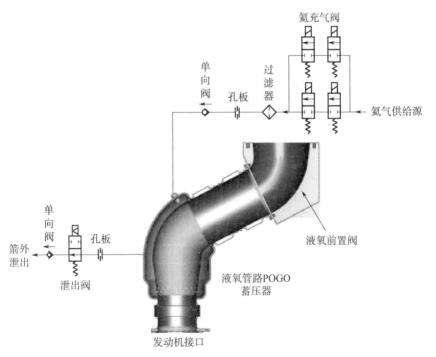

图 7 - 15   阿瑞斯 I 注气式蓄压器

发动机起动时，蓄压器内部充满液氧。起动后氦气通过上端口注入蓄压器，气液界面向下移动，一旦气液界面低于液面控制端口位置，气体将从这个端口泄出，蓄压器达到额定工作状态。

综合国外成功应用的注气式蓄压器，其主要特征见表 7 - 1。

表 7 - 1　典型注气式蓄压器比较

型号	气体介质	液位控制措施	防晃装置
土星 V 一级	氦气	无	无
土星 V 二级	氦气	无	无
阿里安 IV 一级	氦气	限位管	无
航天飞机	热氧气	限位管	有
天顶号一级	氦气	限位管	无
阿瑞斯 I 二级	氦气	限位管	无

分析表明，注气式蓄压器的应用及发展演变规律如下：

1）注气式蓄压器应用于基础级时，为了抑制起动过程中输送系统的压力脉动，需要在蓄压器中注入一定量的气体；注气式蓄压器应用于二级、三级时，为防止级间分离时短时间失重引起的气体进入输送系统，在发动机起动前不对蓄压器进行充气操作。

2）注气式蓄压器在工作过程中不断注入气体，早期的蓄压器均把多余的气体注入输送系统和发动机中。

3）近年来注气式蓄压器大多通过限位管控制气枕容积，设计时应避免将气体注入发动机中，以减少注气给发动机带来的额外影响，这种蓄压器的液面位置通常比较稳定。

4）蓄压器中液面晃动的控制方法不尽相同。航天飞机为了严格控制液氧的蒸发量，在蓄压器中安装防晃挡板，并在气液界面处放置 3～4 层塑料小球；天顶号以及阿瑞斯上面级蓄压器均没有安装防晃挡板。采用何种防晃装置需视具体情况而定。

7.3.2.2　注气式蓄压器优势

注气式蓄压器广泛应用于国外众多大型低温运载火箭中，和膜盒式蓄压器相比，其优势主要体现在以下几个方面：

（1）能量值和柔度可实时调节

蓄压器的能量值定义为气腔内稳态压力 p_0 和气体体积 V_0 的乘积，即 $p_0 V_0$，能量值越高，蓄压器的变频降幅能力越强。贮气式蓄压器中气体是封闭的，工作过程中温度基本保持恒定，因而能量值不变。注气式蓄压器工作过程中，不断有气体注入蓄压器，结合限位管的控制作用，实时调节并保持蓄压器气枕容积恒定。飞行过程中当泵入口压力升高时，蓄压器的能量值也相应地提高，具备能量值随泵入口压力变化而实时调节的能力。

膜盒式蓄压器是一种典型的贮气式蓄压器，其柔度和泵入口压力的平方成反比，而注气式蓄压器由于能量值的实时调节，其柔度随泵入口压力升高而降低的幅度相对较小。图 7 - 16 给出了两种蓄压器的柔度随泵入口压力变化的曲线。

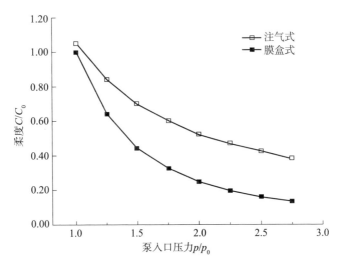

图 7 - 16　注气式和膜盒式蓄压器的柔度随泵入口压力变化

（2）结构效率高且对安装空间适应性强

随着火箭规模和单台发动机推力的逐步增大，对蓄压器能量值提出了更高的要求。蓄压器的能量值越大，对安装空间的需求也越大，受发动机入口布局空间的制约也更明显。相比而言，注气式蓄压器比贮气式蓄压器对安装空间的适应性更强。随着推进剂输送管路直径的增大，要将输送系统的频率限制在一定范围内，则贮气式蓄压器所需的体积较大，而注气式蓄压器所需的体积相对较小。图7-17 给出了将不同的液氧输送系统的一阶频率降到一定值所需的蓄压器气枕容积。从图中可以看出，当输送管直径达到参考直径 L_0 的4 倍后，膜盒式蓄压器的气枕容积增大至 15 倍以上，约为注气式蓄压器体积的两倍。

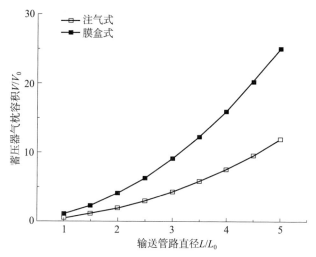

图 7-17　注气式和膜盒式蓄压器容积变化曲线

（3）工艺简单，更适用于大型低温火箭

贮气式蓄压器使用的弹性材料包括橡胶、金属等，最常见的为金属膜盒式蓄压器。随着蓄压器膜盒容积的增大，金属膜盒焊缝的长度也将大幅增加。同时，膜盒的稳定性、气腔漏热、疲劳寿命等问题加大了蓄压器的设计难度。大能量值的注气式蓄压器在工艺上相对简单，对低温动力系统的适应性更强。

7.3.2.3　注气式蓄压器关键技术

注气式蓄压器在传统蓄压器的基础上，增加了充放气系统，系统的复杂性增加。对于采用稳定气液界面的注气式蓄压器，关键技术有如下几个：

（1）注气流量的控制与优化设计

当推进剂输送管内压力逐渐上升时，蓄压器内气枕容积必然会受到压缩，理想情况下可通过注气补加一定量的气体，维持稳定的气枕容积。但是如果注气的流量不够，气枕容积则无法维持稳定。要维持稳定的气液界面，必须采取有效的注气流量控制策略，实际注气速率还受到气源压力、排气孔等因素的影响。如何控制注气的流量以适应外部压力的变化是一项重要的关键技术。

（2）限位管位置的优化设计

液面限位管的设定直接决定了气枕容积的大小，也就是蓄压器的有效容积，但是限位管的设定还必须考虑发动机起动冲击和飞行中液体晃动的影响。如果限位管设定过低，液面晃动会导致气体通过连通小孔进入输送管路中，可能影响发动机的正常工作；如果限位管设定过高，将会降低蓄压器的容积效率。因此，限位管的选择需要综合考虑这些因素，以确定出合适的位置。

注气式蓄压器的研制需要在大量理论分析的基础上，开展地面试验研究和验证，比如蓄压器注气流量验证试验，以考核蓄压器的液面控制能力和优化限位方案。

7.3.3　主动式 POGO 抑制

POGO 主动抑制系统是通过实时感知系统某个或多个脉动参数的变化，按照一定的控制策略向作动器发出控制指令，作动器直接作用于推进剂输送管路，注入一定幅度、频率和相位的脉动流量，从而削弱或者消除动力系统流量和压力的波动。该系统主要由脉动数据测量装置、控制器、作动系统等组成（见图 7 - 18）。

航天飞机 POGO 抑制设计初期提出了采用注入脉动流量的

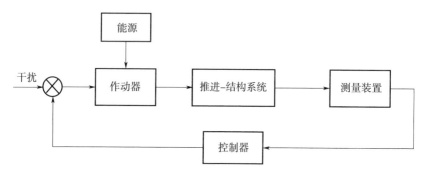

图 7-18　POGO 主动抑制系统

POGO 主动抑制概念，这种方法通过感应飞行器振荡的仪器以及用来触发电动液压活塞式脉冲发生器的信号，在火箭发生 POGO 时，以适当的振幅和相位将推进剂注入输送管路中的一个分支装置（见图 7-19）。Lewis 研究中心研究了四套专用抑制器，研究表明抑制效果对流量反馈误差极其敏感，而采用压力反馈是一个有效而简单的设计方案。

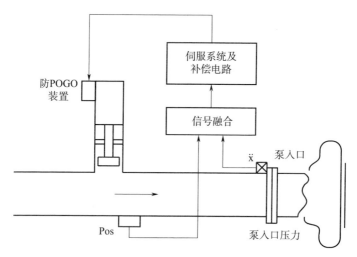

图 7-19　航天飞机设计阶段提出的 POGO 主动抑制方案

目前，POGO 主动抑制技术还未成功应用于飞行中，国外学者对 POGO 主动抑制的研究偏重于理论研究和设计验证，主要包括：

（1）高鲁棒性 POGO 主动抑制控制算法优化

POGO 抑制设计的输入均是标称数据，相比实物总存在或多或少的偏差，同时随着未来交叉输送、动力冗余、发动机节流等技术的应用，POGO 回路系统特性呈现多种状态，这就要求 POGO 主动抑制系统具备较强的鲁棒性。控制领域提出了多种自适应的控制算法，具有较好的鲁棒性。POGO 回路本身具有系统阶次高、非线性强、可能存在多点不稳定等特点，如何设计 POGO 主动抑制的控制算法提高系统的鲁棒性，是提高 POGO 主动抑制系统性能的前提条件。

（2）活塞式作动器设计优化

作动机构最为简单可行的方式便是利用活塞作动器。为了保证伺服系统具备较高的响应速度，一般采用电液式伺服系统。但是，对于低温动力系统，作动活塞与套筒之间需要解决动密封问题，另外活塞作动器的绝热问题也必须很好地解决，以防止低温推进剂局部汽化而影响发动机的正常工作。

第8章 低温动力系统供配气设计

8.1 供配气系统

液体火箭供配气系统是指为实现地面向箭上及其他设备供应不同种类、不同参数的气体而设置的设备及其附件所组成的综合系统。供配气系统是一个庞大而复杂的系统，主要包括气体生产、净化、压缩、贮存、配气、温度调节等设备，同时包括压力测量、流量控制等自动化设备。

供配气系统主要功能是测试和发射液体运载火箭，生产、贮存气体，并根据箭上和地面设备的要求按程序供给所需的气体。对于低温动力系统，常见的箭上用气需求包括气封、吹除、引射、增压、阀门控制等。其中：

1）气封供气主要用于低温产品与外界大气隔离，或低温介质之间的隔离，确保低温动力系统产品正常工作。例如供配气系统设计时，增压输送系统与发动机系统的低温电磁阀和气动阀需要将低温产品与外界大气的气封隔离。

2）吹除供气主要用于吹扫容腔，保障容腔的环境需求，例如舱段吹除、发动机预冷前的泵腔吹除等。

3）增压供气主要用于气瓶、贮箱等容腔的充气，需要根据气瓶充放气过程、贮箱增压计算结果予以设计。

4）阀门控制气主要用于气动阀门的动作能源，供气压力要求来源于气动阀的方案设计。

8.2　供配气设计

动力系统供配气设计，是指根据箭上系统的方案进行供气方案分析，提出满足箭上动力系统（发动机系统、增压输送系统）测试发射所需的各种气源的保障要求。

8.2.1　设计准则

供配气系统设计除需遵循型号总体设计原则，比如先进性、带动性、低成本、简洁成熟、安全可靠等，还需遵循智能化、一体化等设计原则。供配气系统的工作特点及火箭系统的测试要求供配气系统在设计时必须考虑其安全性、快速性以及准确性。为此提出了供气系统的自动化。气动元件的集成化、供气系统的自动化和高可靠是供配气技术的发展趋势，也是未来火箭设计对供配气系统提出的更高要求。

1）供配气系统操作人员经常接触高压气体及低温、有毒或易燃易爆的推进剂，带有一定的危险性。因此，供配气系统需要远距离测试操作。

2）动力系统是一个复杂的系统，并且很大程度的不易维修性必须要求各分系统具有很高的可靠性。随着远距离、自动化测试需要，地面供配气系统的可靠性要求越来越高，其元器件及各个分系统的可靠性变得更加重要。

8.2.2　设计流程

供配气系统设计流程如图 8-1 所示，主要包括根据火箭动力系统的方案，明确箭地接口需求，确定用气种类，计算用气量，并确定供配气技术方案和流程，提出供配气系统设计要求。

（1）供配气需求分析

根据发动机、增压输送系统等供配气输入条件，将所有用气量

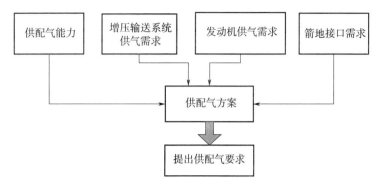

图 8 - 1　供配气系统设计流程

要求进行梳理整合，并按照用气种类、压力规格、流量要求、工作时段进行分类，根据供配气规模优化用气种类和规格。

　　根据不同推进剂组合在火箭上的使用情况，常用的供气种类，包括压缩空气、氮气和氦气等。压缩空气常用于管路、贮箱的气密性检查；氮气由于其稳定的化学性能，常用于易燃易爆系统中；氦气主要用于液氢系统或对气体工质有特殊要求的系统。气源种类的选择一般遵照如下原则：

　　1）满足使用环境（如相容性）的需要；

　　2）化学性能稳定，确保安全使用；

　　3）尽可能对人体无伤害；

　　4）易于制取和贮存；

　　5）经济性好。

　　对于低温动力系统，在选择用气种类时：

　　1）贮箱、气瓶气检常采用氮气或压缩空气，在没有排气系统的封闭厂房中应优先选择压缩空气；

　　2）根据低温发动机使用维护条件，进行氦检漏时需要采用纯氦或含有氦气的混合气体；

　　3）箭上气封、吹除用气的种类根据使用温度范围进行选择，一般氢系统采用氦气，氧系统采用氮气；

4）氢系统、氧系统的置换可采用氦气或氮气，但氢系统的最终置换需要采用氦气或氢气；

5）低温贮箱增压一般采用氦气。

（2）箭地接口设计

按照测试发射流程、供气种类合理安排连接器供气接口，通过箭上分布式供配气、统一供配气的综合比较，设计明确连接器的供气接口。箭上统一供配气就是根据气源种类、压力级别等分类，统一由地面向箭上供气，然后箭上根据用气单元需要进行配置（见图8-2）。日本 H-ⅡA 火箭在研制初期就确定了利用箭上管路分支和调节压力来减少推进剂脐带管路数量的技术方案。统一供配气具有如下优点：

1）有效减少箭地间接口，降低了地面连接器的设计难度。

2）提高测试发射自动化程度，简化发射场测发流程。

3）减少箭地连接，提高连接器工作的可靠性。

但是，由于统一供配气方案将部分可以设置在地面的配气组件移至箭上，增加了箭上系统的复杂性。具体采用何种方案，需要根据工程需要予以选择。

（3）用气量需求分析

供气系统方案选择供气设备时，需根据火箭在发射场的工作程序和检测次数，确定用气种类，并综合进行用气量需求估算。用气量的需求直接决定了地面供配气系统的规模和方案。例如，对于压缩空气，当需求不高时，可以采取贮气罐的方式提供气源；而当压缩空气的用气量大且供气压力等级也较高时，最好采用空压机在线供气。

（4）供配气项目设计

液体运载火箭对地面供配气的基本要求主要包括气体种类、供气项目和流程、供气参数（如压力、温度、流量和精度）、气体品质（如纯度、含水量、含油量、尘埃度）等。为此，地面供配气系统需要设置气源设备、净化设备、贮运设备、增压设备、配气设备、控

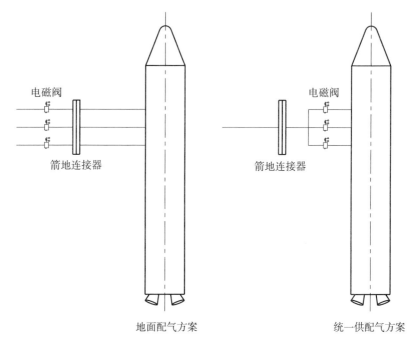

图 8 - 2　地面配气和箭上统一供配气示意图

制设备等。为了进一步开展供配气系统的设计，首先需要根据各系
统的供气需求提供供气项目。表 8 - 1 示例性地给出了地面供配气项
目需求。

表 8 - 1　氧箱充气项目示例

序号	项目	气体及温度	充气容积/ m³	充气压力/ MPa	供气压力/ MPa	充气流量/ (kg/s)	控制方式
1	气密检查	常温氮气	200	0.40	15	1.0	近距离手动
2	射前增压	常温氮气	10	0.50	23	0.5	远距离电动

　　对于低温推进剂系统，供气气源品质尤为重要，不仅直接决定
了测试操作安全性，而且影响系统工作可靠性。例如，为防止因气
体品质不合格而造成阀门控制失灵或导管堵塞，需要严格控制气体

含水量；对于液氢系统，其供气中的氧含量需要控制在爆炸极限的范围以下。常用的压缩空气、氮气气源品质要求见表 8-2～表 8-3。

表 8-2　压缩空气气源品质要求示例

项目	单位	数值
露点	℃	≤−60
尘埃颗粒直径	μm	≤20
固体粒子浓度	mg/m³	<5
含油量	—	3×10^{-5}(V/V)

表 8-3　氮气气源品质要求示例

项目	单位	数值
纯度	—	≥98%
露点	℃	≤−60
尘埃颗粒直径	μm	≤20
固体粒子浓度	mg/m³	<5
含油量	—	3×10^{-5}(V/V)

8.2.3　用气量需求分析

动力系统用气量需求分析是地面供配气系统设计的基础，主要根据贮箱增压、气封吹除等供气项目和测试发射流程，明确箭上不同的用气项目在各个时段的供气种类、流程、压力、温度、流量等参数，作为供配气系统的设计依据。一般而言，箭上供气主要包括容积类供气和流量类供气。

8.2.3.1　容积类用气量需求

容积类供气主要包括气瓶、贮箱气检等供气项目，用气量计算式为

$$m_V = \left(\frac{p_1}{T_1} - \frac{p_0}{T_0} \right) \cdot \frac{V}{R} \cdot n \qquad (8-1)$$

式中　m_V——容积类充气用气量（kg）；

V ——充气容积（m^3）；

R ——气体常数 ［J/（kg·K）］；

p_0 ——充气前绝对压力（Pa）；

p_1 ——充气后绝对压力（Pa）；

T_0 ——充气前温度（K）；

T_1 ——充气后温度（K）；

n ——充气次数（次）。

8.2.3.2　流量类用气量需求

流量类供气主要包括箭上气封、吹除供气项目，用气量计算式为

$$m_1 = \dot{m} \cdot t \qquad\qquad (8-2)$$

式中　m_1 ——流量类用气量（kg）；

$\dot{m}$ ——供气流量（kg/s）；

t ——供气时间（s）。

8.2.3.3　用气量换算

对于供配气系统的工业设计，用气总量一般采用标方计算，即标准大气压下、温度 288.15 K 时的容积。计算式为

$$V_s = \frac{m \cdot R \cdot T_s}{p_s} \qquad\qquad (8-3)$$

式中　V_s ——用气量（Nm^3）；

m ——用气质量（kg）；

p_s ——0.101 325×10^6 Pa；

T_s ——288.15 K。

8.3　气封吹除设计

相对于常温动力系统，低温动力系统必须设置严格的气封吹除项目。

1）低温推进剂加注和发动机系统预冷过程中，必须对所有与低温源连通的对外接口实施气封隔离，避免发生低温抽吸。对低温推进剂阀门动作的放气口进行气封，以保证低温阀门工作正常。例如，阿里安 5 火箭一级氢氧发动机共有 14 个电动气阀门，分别安装在两个密封盒内，电动气阀门动作时排放的氦气均通过氦气气封的密封盒排泄到大气中，以保证阀门可靠工作。

2）低温火箭发动机预冷前需要吹扫泵腔内的大气，而在发动机涡轮泵预冷及工作过程中，必须将低温介质与其他介质的气封隔离，防止低温下外界的水汽进入系统形成多余物。

3）对于二次起动的低温火箭发动机，在第一次工作结束进行关机时，必须对推力室和燃气发生器进行充分吹除，以保障二次起动的安全可靠。

4）低温液体火箭的各个舱段，要严格控制舱段内的环境温度、湿度，以及危险气体的浓度。在推进剂加注后受低温传热的影响，在发动机舱、箱间段以及仪器舱等舱段内可能出现较低的温度，如果不采取有效措施，将可能在舱段内出现结露、结霜甚至液空等现象，从而导致结构、仪器设备等工作异常。同时，对于采用液氢推进剂的动力系统，液氢加注后由于接头的泄漏舱段内实际上形成了氢环境，如果不有效控制氢的浓度，可能出现爆燃或者爆轰的危险现象。舱段吹除是控制舱段内温度、湿度以及危险气体浓度的有效措施，例如土星 V 火箭三级发动机舱在火箭测试过程中采用大流量的空气吹除，在低温推进剂加注前 2 小时则改用氮气吹除，并一直持续到火箭起飞为止。

第9章　低温动力系统仿真技术

9.1　动力系统仿真技术发展及应用

随着计算机技术的迅速发展，系统建模与仿真显得日益重要。对实际系统建立数学模型，应用计算机对其进行仿真已成为人们进行科学研究的重要手段之一。系统仿真可以看作基于系统、模型、计算机三个基本要素开展的活动。模型建立（建模）是系统仿真中最基本的关键环节，从真实物理系统到计算机语言描述，实际上经历了两次建模过程。首先是对物理系统特定过程的数学描述，包括常微分方程、偏微分方程，连续方程、离散方程等；另一个建模过程（二次建模）完成了从抽象数学模型到计算机语言的转化，形成可执行程序。

运载火箭动力系统由于系统复杂、设计计算精度要求高、多学科交叉等特点明显，几十年来世界各航天机构一直致力于更为精确、更为实用的动力系统仿真工具的研发。仿真技术应用于低温动力系统功能和性能的验证，伴随着对仿真精度、仿真粒度、建模效率等越来越高的要求，低温动力系统仿真工具逐步实现了从专业级程序向通用化模块化软件的升级换代，仿真数学模型逐步实现了零维、一维到二维、三维的发展，仿真模式逐步实现了从单学科独立平台仿真到多学科跨平台联合仿真的转变。仿真技术在低温动力系统研制过程中的作用主要表现在如下几个方面：

（1）缩短研制周期、简化地面试验、节省研制经费

早期动力系统研制过程中，受分析手段与计算机技术的制约，对低温动力系统的研究主要依靠试验手段，按照经验制定动力系统

方案，并通过地面试验对不同方案进行验证和筛选。试验方法耗费大量人力、财力、物力，且迭代周期长，单纯的地面试验已经难以适应低温动力方案快速论证的需求。同时，低温动力系统工作过程受众多因素影响，仅依靠试验方法对各种影响因素及其组合进行分析非常困难，有必要通过仿真技术对各种因素、工况进行预先研究，指导地面试验的开展。

（2）突破地面试验能力限制，对系统性能进行全面研究

受试验规模、环境条件等限制，无法完全按照低温动力系统飞行状态开展试验，例如某些发动机的故障工况、火箭 POGO 特性等，地面试验需要花费极大代价才能开展相关验证，仿真技术弥补了地面试验的不足，可在低温动力系统参加飞行试验前，完成相关验证，降低甚至消除首飞风险。

（3）拓展动力系统研制体系

随着基于模型的系统工程（MBSE）、数字孪生等新时期系统工程方法的提出，仿真已经成为低温动力系统研制流程中不可或缺的环节。仿真模型既是系统方案论证的一种输出形式，也是对系统设计指标进行最初闭环验证的手段。

9.1.1　国外动力系统仿真工具发展

从仿真技术的特点来看，动力系统仿真工具（见表 9 - 1）经历了从专用工具到通用软件的发展过程。而成为一款通用性的动力系统仿真软件必须具备以下几个必要条件：

1）具备良好的图形界面，使用户与计算机的交互工作可以友好地进行；

2）具备完整的动力系统组件模型库以及模型之间的连接接口，可以迅速地根据发动机系统组成搭建整机的仿真模型；

3）仿真软件具备数学模型生成和求解能力，能够根据图形界面上连接好的模型生成求解方程组，并且内置求解器，对生成的方程组进行求解。

液体火箭动力系统仿真技术与工具从专用到通用的发展过程中，NASA 发展得最早，也最为全面，研发的工具涉及燃烧、传热、传质、流动、静平衡等内容。ESA 和 JAXA 也有相关工作或文献的报道。

表 9 - 1　动力系统部分仿真工具

工具名称	功能	开发者
CEA	确定热力学和传输特性，计算理论的火箭性能和燃烧室特性	政府需求，NASA 格伦研究中心开发
P - STAR	一阶发动机平衡，热平衡，可靠性/安全性评估，重量估计和价格预测	政府需求，NASA 马歇尔空间飞行中心开发
REDTOP - Pro	化学平衡，不同液体火箭发动机循环方式的热力学平衡分析	SpaceWorks 公司商用软件
ROCETS	一维火箭发动机瞬态分析工具包	政府需求，NASA 马歇尔空间飞行中心开发
RPA	火箭发动机性能分析多平台工具	德国开发商用软件
GFSSP	具备流体瞬变计算能力和后处理功能的通用流体力学分析软件	政府需求，NASA 马歇尔空间飞行中心开发

下面对各仿真工具软件进行简要介绍。

（1）ROCETS

ROCETS（Rocket Engine Transient Simulator）是 20 世纪 80 年代末由美国 NASA 马歇尔空间飞行中心（MSFC）开发的火箭发动机瞬态仿真系统。该系统采用了模块化建模思想，每个模块对应于特定的功能函数，利用函数调用实现系统的集成，最终形成一个模块化、通用化的软件框架，以分析液体火箭发动机静态、动态特性。这样的系统设计思想使程序不再局限于特定的发动机形式，具有很强的适应性、灵活性和通用性。

ROCETS 主要由如下 5 部分组成：

1）模块库——整个软件的核心；

2）可执行程序——执行系统功能的处理器；

3）仿真输入/输出——提供用户输入接口和设定所期望的输出参数；

4）软件文档——提供软件用户手册、程序描述等信息；

5）程序维护——提供维护程序的指导。

模块库是整个系统的核心，ROCETS 基本涵盖了当前液体火箭发动机系统主要组件模块，各模块的划分和基本功能见表 9 - 2。另外，在 ROCETS 系统中还编制了 29 个子程序来执行积分、数据读取等工作，还包含了常用推进剂（如氢、氧、氦、氮、甲烷）的物性。

表 9 - 2 　ROCETS 中发动机基本模块

序号	发动机组件名称	模块名称	基本描述
1	泵	PUMP01	代表常规的恒定密度泵
2	涡轮	TURB01	使用理想气体且在等熵条件下进行分析
		TURB02	使用单组分流体且在等熵条件下进行分析
3	涡轮泵	ROTR00	计算涡轮系统转速
		ROTR01	起动仿真中具有断裂扭矩的涡轮
4	预燃室	PBRN01	适用流容动态分析和氦吹除的理想气体燃烧下的预燃室
5	喷管	NOZL00	计算等熵膨胀的流动和推力
		NCLV00	使用密度和内能作为状态变量,采用集中参数法来进行能量分析
		QN0Z01	使用巴茨公式来分析喷管冷却换热率
6	管道	PIPE00	考虑流阻和惯性下的不可压缩流动
		PIPE01	考虑流阻下的不可压缩流动
		PIPE02	计算通过孔板的可压缩流动
		PIPE03	考虑流阻、惯性和高度的不可压缩流动
		PIPE04	计算液体流动的上游压力
		PIPE05	计算可压缩流动的上游压力
		PIPE06	计算液体流动的上游压力
		VOLM00	对单入口、单出口且带有一个热流边界的体积模型进行能量分析
		VOLM01	使用密度和内能作为状态量来对单组分流体经过多通容积采用集中参数进行分析
		VOLM02	对多通容积进行分析,流体为理想气体且流向可控

续表

序号	发动机组件名称	模块名称	基本描述
7	阀门	VALV00	使用液流关联式来计算不可压缩流流经阀门的流动
8	POGO 抑制器	POGO00	模拟 POGO 抑制器的主要动态特性
9	换热器	METL00	采用集中参数法模拟具有多传递途径的金属内能情况

模块是功能上相对独立的单个实体的工程抽象，是模块化编程思想的基础。每个模块对应于相应的 FORTRAN 子程序，ROCETS 完成这些子程序的集成。譬如，一个涡轮模块既可在一个仿真实例中多次使用，也可在不同的仿真实例中进行调用。

利用 ROCETS 完成系统仿真的基本流程如图 9-1 所示。首先使用高级语言对必要的输入进行配置，该输入被运行处理器所读取并被解译。之后，运行处理器进行初始化并通过设定正确的标识来执行用户设定的指令。执行处理器控制着程序运行循环、打印、稳态系统平衡计算和瞬态过程的积分和线性化处理。最后，用户设定的输出参数由输出处理单元输出。

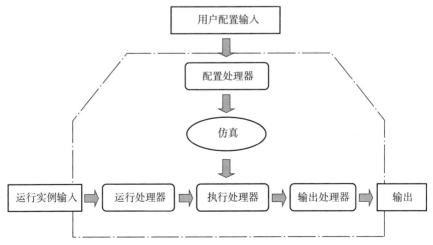

图 9-1 ROCETS 基本工作执行流程

ROCETS 系统包含三种运行模式：a）稳态调整计算；b）瞬态计算；c）线性计算。稳态调整计算模式对动态变量和代数平衡变量进行迭代，直至时间导数项和代数平衡误差满足要求；瞬态计算模式通常采用预报-修正算法来对具有封闭性的动态方程和代数方程进行积分运算；线性计算模式通常对稳态过程或者某个瞬态点处进行线性化处理，以提供可供他用的状态空间模式的偏微分方程。目前，通过将 ROCETS 各组件的核心代码移植到 Easy5 仿真平台（称为 EASY/ROCETS），实现了 ROCETS 与 Easy5 的完美结合，大大提高了 ROCETS 系统的使用效率和易用性能。

（2）CARINS

CARINS 是 CNES 和 ONEAR 于 2000 年开始联合开发的用于预测液体火箭动力系统瞬态特性的软件。CNES 在 CARINS 研制前期曾试图直接使用商业软件来实现对液体火箭发动机特性的研究，然而在很多情况下，要么物理模型无法满足，要么计算时间太长。因此，CNES 在先前工作的基础上展开了 CARINS 的研发工作。

CARINS 系统结构基本上包括如图 9-2 所示的三个方面：

1）界面友好的图形化用户接口（GUI），面向对象程序开发；

2）模型库，各模块包含状态变量、内部变量、参数、特性方程等，模型形式保证了 CARINS 系统框架的通用性；

3）模型自动生成器（AMG），利用计算机代数系统（CAS）得以实现。

工程技术人员通过 GUI 界面构建需要仿真的系统，并完成系统参数赋值或者确定属性等操作。之后，计算机代数系统 CAS 会对系统进行分析，以确定一组优化的方程，然后自动生成该系统基于 Fortran 语言的仿真程序，最后通过求解器完成对整个系统的求解。

CARINS 将物理模型划分为 4 个集合：微分变量集合、常微分方程组集合、代数方程集合以及参数集合。所有这些集合均通过 CARINS 的 GUI 进行管理。

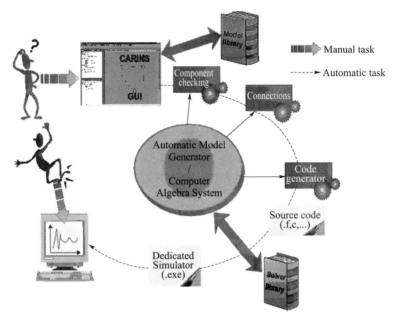

图 9 - 2　CARINS 系统工作结构图

GUI 使用 JAVA 语言开发，采用面向对象的设计框架，具有良好的人机界面。CARINS 已经成功应用于 HM - 7B 发动机的动态仿真上，图 9 - 3 为 HM - 7B 发动机仿真框架。

（3）REDS

REDS（Rocket Engine Dynamic Simulator）是日本三菱重工与波音公司合作开发的用于火箭发动机循环系统仿真的可视化集成仿真系统。该系统的初步设计工作开始于 2001 年，之后又完成了大量的改进。REDS 提供了发动机系统基本模块，包括管路、泵、涡轮、燃烧室、阀门、喷注器、喷管以及冷却夹套等，同时还包括氢和氧以及它们的产物的热物理属性模块。值得指出的是，REDS 采用MPI（Message Passage Interface）实现了多 PC 并行计算，以提高计算效率。REDS 提供了 H_2、O_2 推进剂的热力学物性及传输特性，其原始数据来自 GASP 软件。虽然 GASP 能够接受压力、温度、密

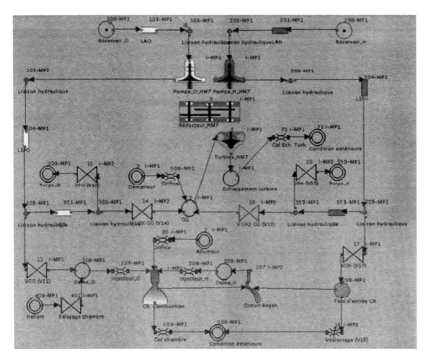

图 9 - 3　HM - 7B 发动机仿真框架

度、焓或者熵中的任何两个参数作为输入，但是由于 REDS 采用密度和内能作为系统变量，因此 GASP 并不能直接应用于 REDS 之中。为此，REDS 采用了物性表格的方法，首先利用 GASP 在很宽范围内生成 H_2、O_2 的物性特性表，然后在计算过程中通过插值获得不同情况下推进剂的物性参数。REDS 图形化操作界面如图 9 - 4 所示。

REDS 的使用主要集中于 LE - 7A 发动机，通过该仿真系统预测的 LE - 7A 发动机瞬变特性同试车数据一致性比较好（见图 9 - 5）。目前，REDS 正在被完善以应用于膨胀循环发动机的分析研究，改进的主要工作包括冷却夹套的修改以及控制方程对流项的处理。

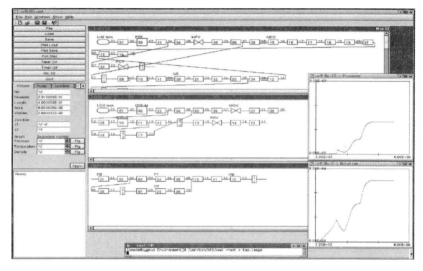

图 9 - 4　REDS 图形化操作界面

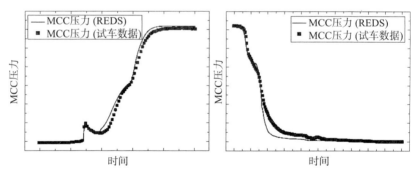

图 9 - 5　LE - 7A 起动、关机过程燃烧室压力仿真结果

（4）CRESP - LP

CRESP - LP（Cryogenic Engineering Simulation Programs - Liquid Propulsion）是由印度 Process Equipment and Design Laboratory 开发用于低温液体推进工程的仿真系统。CRESP - LP 包括静态分析及瞬态分析两部分，采用面向对象的 Visual C ＋＋语言编制，并集成在一个相当友好的图形界面内。CRESP - LP 可划分为

5 个功能模块：1）用户接口；2）组件模块；3）流程控制器；4）仿真执行模块；5）物质属性数据库。CRESP - LP 工作流程图如图 9 - 6 所示。

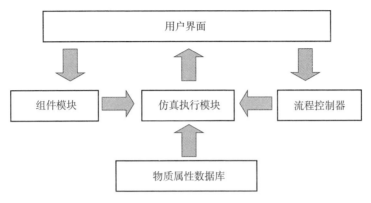

图 9 - 6　CRESP - LP 工作流程图

CRESP - LP 程序用户界面有两个作用：1）提供给仿真程序必要的输入数据，譬如文件名管理、推进剂介质选择、系统连接方式、参数设置等；2）对得到的结果进行列表显示或者图形化显示，提供后处理分析功能。CRESP - LP 将发动机按组件基本功能划分为 15 个组件模块：推进剂贮箱、离心泵、高压气瓶、涡轮、燃烧室、连接管、大喷管、控制阀、喷注器、集液器、再生冷却通道、分流器、换热器、功集合器、功分离器。所有这些模型的推导基于以下三个基本假设：

1）管内流动为准一维流动；

2）在垂直于流动轴向横截面上物质属性恒定；

3）流体混合是均匀的。

CRESP - LP 系统的物质属性数据库由参数表插值的形式构成。物质的热物理特性譬如密度、比热容、焓、熵等取自软件 ALLPROPS4.2。输运特性取自软件 MIPROPS。数据库包括氦、氢、氧、甲烷等在内的 14 种常用流体。这种参数表插值的方法精度比较高，而且便于数据维护和管理，效率较高。

（5）GFSSP

GFSSP（Generalized Fluid System Simulation Program）为 1994 年在 NASA 马歇尔空间飞行中心的组织下开发的通用流体系统仿真程序，设计的初始目标是提供涡轮泵内部流动以及推进剂系统动态特性仿真。1996 年发布了 V1.4 稳态计算版；2000 年，GFSSP 使用了名为 VTASC（系统及组件热-流可视化分析器）的图形化用户界面，方便建模分析；2003 年，GFSSP 已发展至具备流体瞬变计算能力和后处理功能的通用分析软件，目前的版本为 V5.0。早期版本中，GFSSP 采用带提示性语言的方法来建立输入文件，以组织用户建立需要的模型，输入文件中将用户定义的各节点接口和使用模型按一定方式进行组织。GFSSP V4.0 开始引入 VTASC 可视化预处理器，用户可在 VTASC 提供的平台中进行可视化系统集成，并通过选择需要设定的参数和选项来构建具体物理模型。在构建完模型后，VTASC 自动生成模型参数，供 GFSSP 内核使用。

由于 GFSSP 主要针对一般流体管网系统的仿真，因此其在模块划分上并不包含动力系统中的涡轮、燃烧室等比较专业的模块。GFSSP V4.0 提供了 18 种不同组件模块形式，包括管道、泵、阀门以及不同形式的流体组件，如图 9-7 所示。

GFSSP 在编制过程中十分注重对计算结果的复核，因此其仿真精度得到了有效的验证。图 9-8、图 9-9 为 FASTRAC 涡轮泵的 GFSSP 模型以及起动过程仿真分析结果。由图 9-9 可以看出，GFSSP 分析精度是比较高的。GFSSP 目前已经成功应用于可压缩/不可压缩流、相变分析、流体混合特性、瞬态流体热动力系统、水击以及传热分析等领域。

（6）EUCES

EUCES（European Cryogenic Engineering Software Tool）为 EADS 开发的欧洲低温工程软件工具。发展下一代航天运载器（NGLV，New Generation Launch Vehicles）必须满足不同的任务和

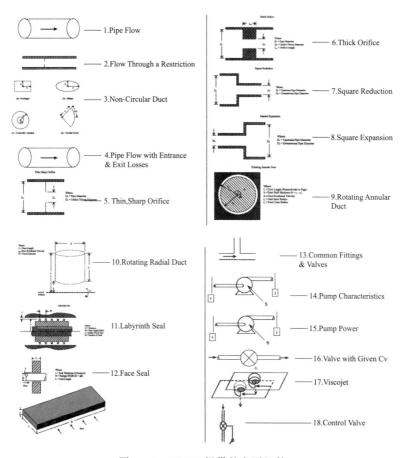

图 9 - 7　GFSSP 提供的主要组件

操作需求，其主要关键技术包括：通用上面级在微重力下长时间滑行后发动机再起动，可重复使用运载器（RLV，Reusable Launch Vehicles）动力系统不同几何构型、不同发动机循环方式、水平或垂直起降方式等。EUCES 项目正是提供运载器或火箭级在起动、飞行等全过程的仿真分析软件，使 EADS 能够在未来更好地满足运载器的发展需要。

　　EUCES 基于 EcosimPro 仿真平台。EcosimPro 为 ESA 支持发

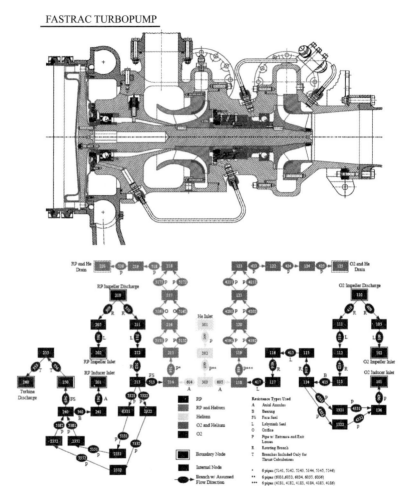

图 9 - 8　FASTRAC 涡轮泵结构及 GFSSP 模型

展的动力学建模和仿真软件，该平台提供了用户友好的气液流体网络分析、热/质量传输、化学反应、控制系统等复杂的物理过程仿真环境，采用面向对象的组件设计方法，利用微分代数方程或离散事件描述系统行为特征。EcosimPro 的工作环境类似于 Visual Basic、C++或者其他程序设计系统，图 9 - 10 为其组件设计工作界面。

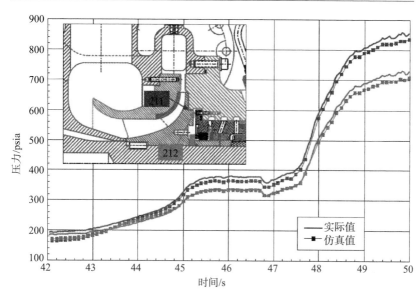

图 9 - 9 FASTRAC 涡轮泵 GFSSP 仿真结果

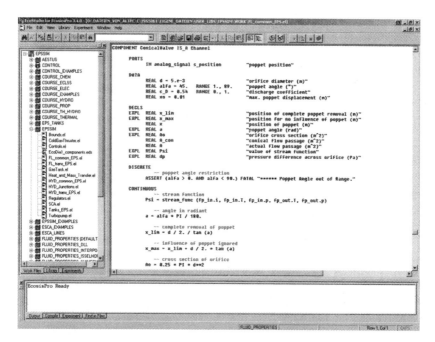

图 9 - 10 EcosimPro 组件设计工作界面

在 EcosimPro 下，所用的组件按照库的形式管理，同一库下的不同组件采用 EL（EcosimPro Launguage）描述。EL 类似于 Fortran、C++，但是能够描述连续或者离散事件，同时采用面向对象的方法，允许对复杂的组件采用非线性代数/微分方程直接建模，语言简单清晰，方便工程师应用。EADS - SPACE Transportation 在 EcosimPro 下建立了复杂的液体火箭动力系统仿真分析库，包括：固体属性库、流体属性库、气瓶组件库、贮箱增压库、液体管路库、气动组件库等。从文献报道来看，EUCES 的应用主要集中于 ARIANE 5 上面级，如 SCA VUS。图 9 - 11 所示为 SCA - VUS 的 EUCES 系统框图。

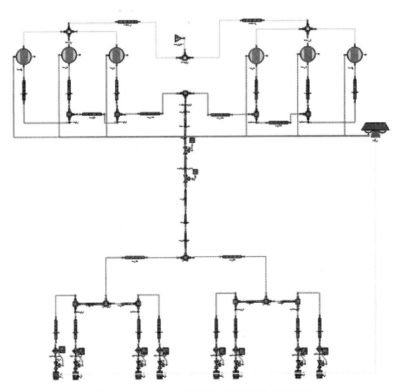

图 9 - 11　SCA - VUS 的 EUCES 系统框图

通过与 OBS（On Board Software）的分析结果进行比较，表明 EUCES 分析精度较高，达到了 EADS 最初的研制设想，如图 9 – 12 所示。

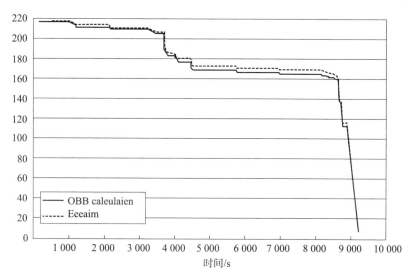

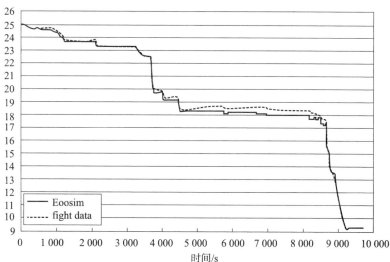

图 9 - 12 EUCES 与 OBS 分析结果比较

（7）ESPSS

ESPSS 是一款能够进行多学科协同仿真的软件，它由仿真软件的专业设计公司 Empresarios Agrupados Int、阿里安运载火箭主供应商 EADS Astrium‐Space Transportation、CFD 仿真优化领域的领头羊 CENAERO 公司以及一家在航天器动力系统领域有着丰富经验的公司 KopooS 联合打造而成。ESPSS 是由 EAI 提出、ESA 赞助支持的用于进行运载器以及空间飞行器性能分析的一个项目。ESPSS 软件的发展基于建立一个欧洲通用的动力系统仿真平台的设想，这样一个平台有利于加强欧洲在动力系统建模领域的竞争力。ESPSS 的主要功用有：

1）提供一组针对航天器和运载器动力系统仿真的元件与属性函数的 EcosimPro 库；

2）共享一个模块化建模的平台，提供一个标准的接口以及流体与材料属性的数据库；

3）可以与其他软件进行交互，尤其是在设计优化以及试验适应性等领域。

与 EUCES 一样，ESPSS 也是基于 EcosimPro（详见 EUCES 部分的说明）内核来进行二次开发，目的是对动力系统的各个组件进行便捷准确的物理建模。基于 EcosimPro 所开发出来的软件适应性非常好，可以应用在不同种类的空间动力系统中，包括化学火箭推进、核推进以及太阳能推进。

①考虑汽蚀的水击现象模拟

利用 ESPSS 库中真实流体（考虑两相）来进行管路中带有汽蚀的水击现象分析。

图 9‐13 代表了管路两侧处于不同边界条件下的一个物理模型，左侧边界条件为 p‐T（5bar，300K），右侧在管路中施加流动的质量流量。

管路数据：流体种类为水，直径为 10 mm，厚度为 50 μm，节点数为 25，长度为 2 m，质量流量为 1 kg/s，在 0.05 s 时管路中的

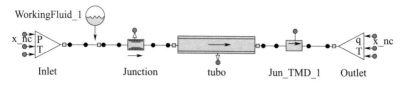

图 9 - 13 水击模型

流动突然被滞止视为变化过程的开始。

（a）无不可压缩气体情况下的仿真结果（见图 9 - 14）

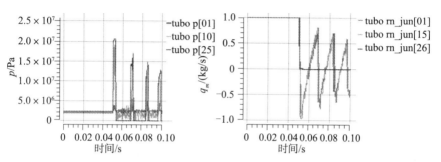

图 9 - 14 无不可压缩气体情况下的仿真结果

（b）存在不可压缩气体情况下的仿真结果（见图 9 - 15）

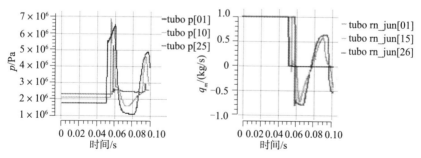

图 9 - 15 有不可压缩气体情况下的仿真结果

②增压计算

图 9 - 16 是一个利用电磁阀控制的典型的增压输送系统。

贮箱利用氢气增压，初始情形下 95％ 的贮箱体积为液氢，气枕

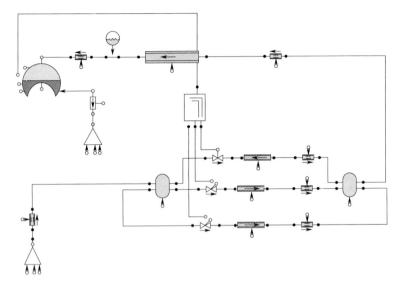

图 9 - 16　增压输送系统结构图

体积中为氦气。为简化计算，不考虑贮箱壁与外界的换热，图 9 - 17
是主要参数的计算结果。

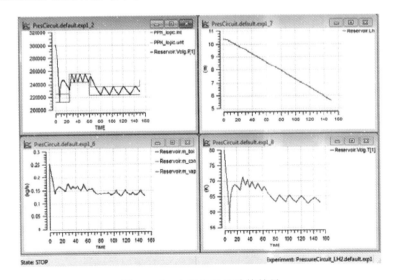

图 9 - 17　主要参数的计算结果

③分级燃烧循环发动机的建模仿真

图9-18是一个典型的分级燃烧循环发动机系统图。在这个计算模型中,用到了涡轮默认的特性曲线。预燃室与燃烧室采用了一维分布参数模型,可连接热端口以及冷却夹套。

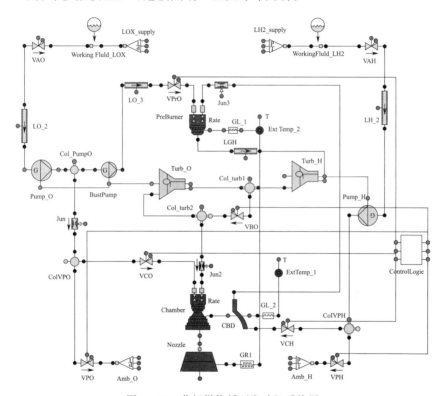

图9-18　分级燃烧循环发动机系统图

（8）NPSS

20世纪90年代后期,NASA格伦研究中心为了通过使用先进的计算机仿真技术来提高设计的可信度、降低实验及相关硬件设施的成本,提出了NPSS（Numerical Propulsion System Simulation）计划,也就是"虚拟风洞"或"数值实验台"。NPSS是要在满足稳定性、经济、全过程、可靠性要求的基础上提供快速、适用的计算,为动力系统的前期设计在性能、操作性和寿命方面提供准确的参数。NPSS 由 NASA、政府机构、工业界以及高等院校联合进行，旨在将推进技术与高性能的计算及信息传递技术结合起来，完成对全尺寸航空发动机的详细仿真。其核心内容主要包括：发动机的应用模型、提供仿真环境的系统软件、高性能计算环境。仿真模型颗粒度按照 1D 稳态、1D 瞬态、2D 准稳态、3D 准稳态以及 3D 全瞬态划分为 5 个级别，使用的模型涉及流体力学、传热、燃烧、结构强度、材料、控制、制造和经济等多学科领域。

①发动机应用模型

由于对整个发动机的三维计算耗时很长，所以 NPSS 可对不同的部件采用不同精度模型来分析计算。例如当改动风扇叶片设计后，只需对风扇进行三维计算，而其余部分仍然用低维模型计算。NPSS 中采用"Zooming In"的方法专门处理该类问题，对计算程序和模化方法划分层次。

②仿真环境系统软件

NPSS 仿真环境为众多用户提供了一个共同的界面，可为不同水平的用户提供下列服务：推荐应用程序，变换分析工具，在数据库、实验和计算之间交换数据，为多学科分析、局部详细处理和并行计算提供支持。

③高性能计算环境

NPSS 要求高性能的浮点运算，为了支持 NPSS，NASA 提出了 AHPC 合作协议，这个协议的内容是只用相当于原来 25% 的花费，达到 1994 年超级矢量计算机的处理水平。

早期 NPSS 计划中的"Propulsion"主要指航空推进。2000 年后 NASA 又陆续与 P&W、Aerojet、Boeing‑Rocketdyne 等合作将液体火箭发动机，RBCC、TBCC 组合循环发动机，高超声速推进等纳入 NPSS 框架。由于 NPSS 的卓越性能和表现，2001 年获得了 NASA 软件技术成就奖。

9.1.2　国内动力系统仿真工具发展

国内相关研究院所最早根据自身技术优势开发了较多的液体动力系统仿真工具，在发动机起动关机仿真、增压计算、故障模拟等应用中效果明显。对于通用仿真分析工具，国防科技大学的 LRETMMSS 是早期较为典型的软件。另外，近年来基于 Modelica 语言的 MWorks 平台以及 AMESim 平台上国内部分研究院所二次开发建立了动力系统仿真设计库，也已经成熟应用于我国运载火箭的工程研制中。

（1）LRETMMSS

LRETMMSS（Modularization Modeling and Simulation Software for the Transients of LRE）是国防科技大学刘昆等开发的发动机起动特性仿真软件，采用面向对象的 Visual C++语言编写而成，并设计了图形界面方便用户使用（见图 9-19）。

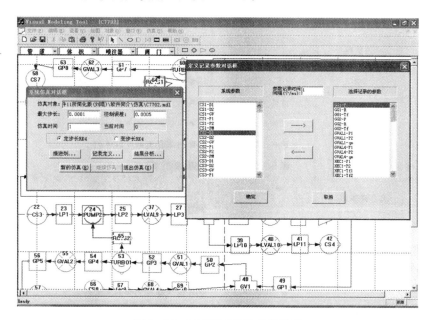

图 9-19　LRETMMSS 工作界面

  LRETMMSS 用类来建立模块的仿真模型，一个模块用一个类来实现，可以方便地组合出发动机分/全系统的仿真模型。该系统针对液体火箭发动机组件的一些共同属性，设计了三个基类：管道基类、容腔基类和阀门基类。管道类模块从管道基类派生而来，单体积模块从容腔基类派生而来，阀门类模块从阀门基类派生而来。

  LRETMMSS 中模块的划分及基本特性见表 9 - 3。

表 9 - 3　LRETMMSS 主要模块

模块分类		模块	备注
管道类模块		液体管道	描述弱压缩性液体管流
		气体管道	描述理想气体管流
		一般可压缩流管道	描述一般可压缩管流
		充填吹除管道	描述液氢/液氧管道充填和吹除过程
		热交换器冷流体	包含管壁的传热控制方程
		热交换器热流体	包含燃气对管壁的传热
体积类模块	单体积模块	压力源	压力按预定规律变化
		液体体积	弱压缩和一般可压缩液体的容腔
		气体体积	理想气体容腔
		充填吹除体积	容腔充填和吹除过程统一处理
	组合体积模块	液体喷注器	带喷注器的液体体积
		气体喷注器	带喷注器的气体体积
		充填吹除喷注器	带喷注器的充填吹除体积
		燃气发生器	带喷注器的燃烧区体积
		液体阀门	局部流阻连接的双体积组合
		气体阀门	
		文氏管	
		离心泵	做压缩功流道连接的双体积组合
		涡轮	做膨胀功流道连接的双体积组合
		带吹除阀门	带吹除气体压力源的多体积组合
转子类模块		转子轴系	描述转子系统的转动方程

　　LRETMMSS 采用了描述模块元件及其连接关系的系统组态矩阵。一个系统组态矩阵能完全确定系统的结构型式以及模块元件之间的连接关系。而模块元件的尺寸、特性数据以及状态变量的初始值则需要由系统参数文件来提供。组合系统数学模型是由各模块特性方程联立得到的一阶非线性微分方程组，LRETMMSS 采用变步长四阶 Runge - Kutta 法数值积分求解该方程组。

　　LRETMMSS 系统已经在我国液体火箭发动机起动特性研究中发挥了重要作用，其预测的起动特性和实际试车特性比较吻合。

　　（2）MWorks 平台

　　MWorks 基于多领域统一建模规范的 Modelica 语言，内置了大量标准元件库。在该平台上国内部分学者建立了适用于液体火箭发动机的详细的组件模型库，其中管路模型包含了完全的一维分布参数模型。利用此模型库对我国发动机单机、多机并联、地面、飞行等多种状态的起动和关机过程进行了仿真，并经过了试车数据的验证（见图 9 - 20）。

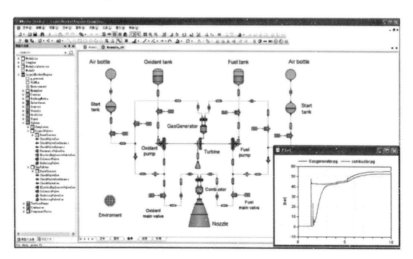

图 9 - 20　MWorks 动力系统仿真界面

9.2　动力系统仿真模型

动力系统的仿真数学模型是仿真活动的基础，根据仿真数学模型的特点和描述方式，可以划分为时域模型和频域模型两类。另外，为了提高仿真工具的通用性，国内外普遍采用了基于模块的仿真方法，即根据动力系统的组成和功能，划分为不同的模块并进行封装，模块之间通过输入输出接口进行连接。

9.2.1　动力系统时域模型

贮箱和输送管路是低温动力系统的重要组成部分，第 6 章对贮箱的热力学模型进行了详细介绍，本节重点说明管路流体模型。

流体管路是液体火箭发动机各主要组合件的连接环节，在建立动力系统动态仿真模型时，建立流体管路的动力学模型是一项重要的工作，其模型建立的好坏直接影响整个系统仿真过程的效率和结果。目前国内外的文献中，流体管路模型主要包括零维的集中参数模型或一维的分布参数模型。建立何种形式的管路动力学模型，取决于我们要研究问题的频率范围。在 50 Hz 的低频范围，管路的各分段可以视为集中参数元件；如果扩展到 500 Hz 的中频范围，则液体火箭发动机的大部分管路分段要考虑声学效应。

对于集中参数模型，一般根据管路流动的参数 $(\rho u a / p)^2$ 进行简化：当 $(\rho u a / p)^2 > 10$ 时，忽略流体的压缩性，只考虑其惯性（如对液体管路流动）；当 $(\rho u a / p)^2 < 0.1$ 时，忽略流体的惯性只考虑压缩性（如对气体管路流动）。采用集中参数模型的好处是模型建立简单，具有一定的精度且可以满足工程分析的需要，求解简单、速度快；缺点就是对于发动机瞬态过程中的水击、振荡等现象无法描述。

对于分布参数模型，传统上利用特征线法沿特征线求解方程组，再与发动机的其他组合件方程联立，以仿真整个发动机的瞬态过程。

此种方法物理概念清晰，但是求解较为困难，对边界条件的处理较复杂。另外，由于各个组件时间常数的差异，导致管路与发动机的其他组件联立仿真时存在时间步长的协调问题。

随着对管路动态过程的不断深入研究和常微分方程组求解方法的提升，目前一般采用将集中参数模型与传统分布参数模型结合起来的具有分布参数特征的集中参数近似模型。基本方法有两种：一种是模态近似（Modal Approximation）方法，另一种是分段集中参数有限元方法。与单一的集中参数模型或传统偏微分方程组分布参数模型相比，集中参数近似状态模型便于与系统其他集中参数元件模型综合成统一的形式；其次，针对系统动态过程的模块化建模与仿真，采用统一形式的模型描述系统元件可以大大简化系统模型综合与求解的复杂性。

（1）管路流阻、流感、流容模型

假设管路内外壁无热量传递，将其分成若干段，其中每段都包含流阻、流感、流容三个基本元素，并可将其等效为一个电路模型，如图 9-21 所示。

图 9-21　流体管路等效模型

对应的流阻、流感、流容方程分别为

$$p_{\text{in}} - p_1 = R \mid \dot{m}_1 \mid \dot{m}_1 \qquad (9-1)$$

$$L \frac{\mathrm{d}\dot{m}_1}{\mathrm{d}t} = p_1 - p \qquad (9-2)$$

$$C \frac{\mathrm{d}p}{\mathrm{d}t} = \dot{m}_1 - \dot{m}_2 \qquad (9-3)$$

$$L \frac{\mathrm{d}\dot{m}_2}{\mathrm{d}t} = p - p_2 \qquad (9-4)$$

$$p_2 - p_{\text{out}} = R \mid \dot{m}_2 \mid \dot{m}_2 \qquad (9-5)$$

式中　　R ——流阻，$R = \xi / \rho_0$；

L ——流感，$L = \dfrac{l}{2A}$；

C ——流容，$C = \dfrac{lA}{a_0^2}$；

l，A ——管路分段长度、截面面积；

ξ ——管路流阻系数，表征流体的能量耗散损失，取决于管路形状和尺寸、管壁的相对粗糙度、流速、管路中流体的黏度，由沿程损失和局部压力损失构成，其值可查阅相关文献等；

a_0 ——管路流体的平均绝热声速，对于气体管路，可按 $a_0 = \sqrt{\dfrac{\gamma p_0}{\rho_0}}$ 计算；

γ ——气体比热比；

p_0，ρ_0 ——流体的平均压力和密度。

对于圆形薄壁液体管路，在计及管壁弹性变形影响下，a_0 由下式决定

$$a_0 = \sqrt{\dfrac{K_\beta / \rho_0}{1 + [(K_\beta / E) \cdot (D/e)] C_1}} \qquad (9-6)$$

参数 C_1 与管路两端的边界条件有关

$$C_1 = \begin{cases} 1 - 0.5\mu^2 & \text{一端固定} \\ 1 - \mu^2 & \text{两端固定} \\ 1 & \text{两端自由} \end{cases} \qquad (9-7)$$

式中　　K_β ——液体的体积模量；

E，μ ——管壁材料的弹性模量和泊松比；

D ——管壁内径；

e ——管壁厚度。

方程式（9-2）～式（9-4）可以进一步化简为

$$L \dfrac{\mathrm{d}\dot{m}_1}{\mathrm{d}t} = p_{\text{in}} - p - R \mid \dot{m}_1 \mid \dot{m}_1 \qquad (9-8)$$

$$C \frac{\mathrm{d}p}{\mathrm{d}t} = \dot{m}_1 - \dot{m}_2 \qquad (9-9)$$

$$L \frac{\mathrm{d}\dot{m}_2}{\mathrm{d}t} = p - p_{\text{out}} - R \mid \dot{m}_2 \mid \dot{m}_2 \qquad (9-10)$$

采用集中参数模型进行管流的动态仿真，只有在频率不高的范围具有工程分析所要求的精度。为了提高上述模型计算的精度和适用的频率范围，实际中常常把管路分成若干段，然后对每一分段应用上述模型，如图 9-22 所示。

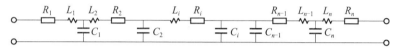

图 9-22　流体管路分段等效模型

第 i 个分段单元的模型方程为

$$L_i \frac{\mathrm{d}\dot{m}_i}{\mathrm{d}t} = p_{i-1} - p_i - R_i \mid \dot{m}_i \mid \dot{m}_i \qquad (9-11)$$

$$C_i \frac{\mathrm{d}p_i}{\mathrm{d}t} = \dot{m}_i - \dot{m}_{i+1} \qquad (9-12)$$

研究问题的频率 ω 与管路分段数 n 的一般原则为：有限元的划分应使最高振动频率 $\omega_{\max}$ 时的波长约为单元长度的 8 倍，即单元长度 l 应满足下述条件

$$l_{\max} \leqslant \frac{2\pi a_0}{n \omega_{\max}} \quad (n \geqslant 6 \sim 12) \qquad (9-13)$$

（2）有限元状态变量模型

按照交错有限元的格式，并采用工程设计上常关注的质量流量 $\dot{m}$、压力 p 和密度 ρ 为直接变量的有限元状态模型，其概念清晰，易于编程实现。

① 控制体积的守恒方程

从一维管路中取一控制体积，此控制体两端的轴向坐标为 x_1、x_2，则流动守恒方程分别为：

质量守恒方程

$$\frac{\partial}{\partial t} \int_{x_1}^{x_2} \rho A \, \mathrm{d}x = (\rho u A) \mid_{x_1} - (\rho u A) \mid_{x_2} \qquad (9-14)$$

动量守恒方程

$$\frac{\partial}{\partial t} \int_{x_1}^{x_2} \rho A \, \mathrm{d}x = (\rho u A) \mid_{x_1} - (\rho u A) \mid_{x_2} \qquad (9-15)$$

能量守恒与能量方程

$$\frac{\partial}{\partial t} \int_{x_1}^{x_2} E A \, \mathrm{d}x = \left[(E+p)uA \right] \mid_{x_1} - \left[(E+p)uA \right] \mid_{x_2} + \int_{x_1}^{x_2} \pi D \dot{q} \, \mathrm{d}x$$

$$(9-16)$$

$$E = \rho \left(e + \frac{1}{2} u^2 \right) \qquad (9-17)$$

流体状态方程

$$p = p(\rho, T) \qquad (9-18)$$

$$e = e(p, T) \ 或 \ e = e(p, \rho) \qquad (9-19)$$

式中　D ——管路内径；

　　　A ——管路内截面面积；

　　　$\dot{q}$ ——管壁单位表面积上的热流率，以流入为正；

　　　e ——流体单位质量内能；

　　　E ——单位体积总能量；

　　　T，p，ρ，u ——流体的温度、压力、密度和速度。

利用方程式（9-14）～式（9-19）便可以分析任何一维管路动态过程。

②一维交错有限元状态变量模型

参考固体力学里的有限元思想，将要分析的物理空间在几何上分割离散为若干个单元，每个单元内的参数采用集中参数近似，即认为单元内参数是瞬时一致和均匀的。为了方便处理单元之间的边界条件，将管路进行单元分割后引入空间位置交错的两种有限元格式，如图 9-23 所示：一种为状态单元，即图中的实线单元，每个状态单元都对应着真实的一段管路；另一种为流量单元，即图中的虚线单元，由状态单元的边界两边各取 0.5 个单元组成。在状态单元内，认为流体的压力、密度、温度和内能等状态参数是一致的；在流量单元内，认为流体的质量流量是一致的。管路与其对接组件的边界条件可根据物理边界的实际情况在 $0\sim0.5$ 个单元长度之间调整，且流体的状态参数取实际物理边界条件参数，分别为 p_{in}、ρ_{in} 和 p_{out}、ρ_{out} 等。

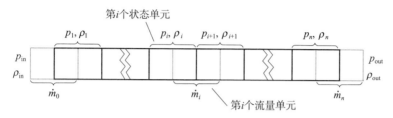

图 9 - 23　一维交错有限元状态变量模型

为了分析方便，一般按照等分单元格式进行划分，如共分为 n 个单元，每单元长度为 l，内径为 D，截面面积为 A。对状态单元运用质量守恒方程和能量守恒方程，状态参数 p、ρ 采用迎风格式；对流量单元运用动量守恒方程，单元边界的状态参数 p、ρ 是确定的，边界的流量 $\dot{m}$ 可取两边单元的算术平均值。

对状态单元，运用质量守恒方程得到以 ρ 为变量的微分方程模型

$$Al\,\frac{\mathrm{d}\rho_1}{\mathrm{d}t}=\dot{m}_0-\dot{m}_1 \tag{9-20}$$

$$Al\,\frac{\mathrm{d}\rho_i}{\mathrm{d}t}=\dot{m}_{i-1}-\dot{m}_i \quad i=2,\cdots,n-1 \tag{9-21}$$

$$Al\,\frac{\mathrm{d}\rho_n}{\mathrm{d}t}=\dot{m}_{n-1}-\dot{m}_n \tag{9-22}$$

对流量单元，运用动量守恒方程得到以 $\dot{m}$ 为变量的微分方程模型

$$\frac{l}{2}\frac{\mathrm{d}\dot{m}_0}{\mathrm{d}t}=\frac{\dot{m}_0^2}{\rho_{in}A}+p_{in}A-\frac{(\dot{m}_0+\dot{m}_1)^2/4}{\rho_1 A}-p_1 A-\frac{fl}{4DA}\frac{\dot{m}_0\mid\dot{m}_0\mid}{\rho_1}$$

$$\tag{9-23}$$

$$l \frac{\mathrm{d}\dot{m}_i}{\mathrm{d}t} = \frac{(\dot{m}_{i-1} + \dot{m}_i)^2/4}{\rho_i A} + p_i A - \frac{(\dot{m}_i + \dot{m}_{i+1})^2/4}{\rho_{i+1} A} - p_{i+1} A - \frac{fl}{4DA} \frac{\dot{m}_i \mid \dot{m}_i \mid}{\rho_i} -$$

$$\frac{fl}{4DA} \frac{\dot{m}_i \mid \dot{m}_i \mid}{\rho_{i+1}} \quad i = 2, \cdots, n - 1$$

$$(9 - 24)$$

$$\frac{l}{2} \frac{\mathrm{d}\dot{m}_n}{\mathrm{d}t} = \frac{(\dot{m}_{n-1} + \dot{m}_n)^2/4}{\rho_n A} + p_n A - \frac{\dot{m}_n^2}{\rho_{\text{out}} A} - p_{\text{out}} A - \frac{fl}{4DA} \frac{\dot{m}_n \mid \dot{m}_n \mid}{\rho_n}$$

$$(9 - 25)$$

式中　f ——管壁准稳态摩擦系数。

建立一维可压缩管路的交错有限元状态变量模型的目的是得到以 $\dot{m}$、p 和 ρ 为直接变量的常微分方程组。压力 p 由能量方程导出

$$E = \rho e(p, \rho) + \frac{1}{2A^2} \frac{\dot{m}^2}{\rho} \qquad (9 - 26)$$

为此，将内能状态方程 $e = e(p, \rho)$ 表述为 p 的表达式。对于理想气体，利用内能与状态参数的关系以及理想气体状态方程可以得到

$$e = \frac{p}{(\gamma - 1)\rho} \qquad (9 - 27)$$

则在状态单元上运用能量守恒方程，有

$$\frac{Al}{\gamma - 1} \frac{\mathrm{d}p_1}{\mathrm{d}t} + \frac{\mathrm{d}\left(\frac{l}{4A} \frac{\dot{m}_0^2}{\rho_1} + \frac{l}{4A} \frac{\dot{m}_1^2}{\rho_1} \right)}{\mathrm{d}t}$$

$$= \frac{\gamma}{\gamma - 1} \frac{p_{\text{in}}}{\rho_{\text{in}}} \dot{m}_0 + \frac{1}{2} \frac{\dot{m}_0^3}{\rho_{\text{in}}^2 A^2} - \frac{\gamma}{\gamma - 1} \frac{p_1}{\rho_1} \dot{m}_1 - \frac{1}{2} \frac{\dot{m}_1^3}{\rho_1^2 A^2} + \pi D l \dot{q}_1$$

$$(9 - 28)$$

$$\frac{Al}{\gamma - 1} \frac{\mathrm{d}p_i}{\mathrm{d}t} + \frac{\mathrm{d}\left(\frac{l}{4A} \frac{\dot{m}_{i-1}^2}{\rho_i} + \frac{l}{4A} \frac{\dot{m}_i^2}{\rho_i} \right)}{\mathrm{d}t}$$

$$= \frac{\gamma}{\gamma - 1} \frac{p_{i-1}}{\rho_{i-1}} \dot{m}_{i-1} + \frac{1}{2} \frac{\dot{m}_{i-1}^3}{\rho_{i-1}^2 A^2} - \frac{\gamma}{\gamma - 1} \frac{p_i}{\rho_i} \dot{m}_i - \frac{1}{2} \frac{\dot{m}_i^3}{\rho_i^2 A^2} + \pi D l \dot{q}_i \quad i = 2, \cdots, n - 1$$

$$(9 - 29)$$

$$\frac{Al}{\gamma-1}\frac{\mathrm{d}p_n}{\mathrm{d}t}+\frac{\mathrm{d}(\dfrac{l}{4A}\dfrac{\dot{m}_{n-1}^2}{\rho_n}+\dfrac{l}{4A}\dfrac{\dot{m}_n^2}{\rho_n})}{\mathrm{d}t}$$

$$=\frac{\gamma}{\gamma-1}\frac{p_{n-1}}{\rho_{n-1}}\dot{m}_{n-1}+\frac{1}{2}\frac{\dot{m}_{n-1}^3}{\rho_{n-1}^2A^2}-\frac{\gamma}{\gamma-1}\frac{p_n}{\rho_n}\dot{m}_n-\frac{1}{2}\frac{\dot{m}_n^3}{\rho_n^2A^2}+\pi Dl\dot{q}_n$$

$$(9-30)$$

式中　γ ——气体比热比。

对于一般可压缩流体，可以根据试验数据拟合成经验公式或者状态方程导出。若采用 $e=e(p,\rho)$ 形式的内能拟合方程，则运用能量守恒方程，有

$$Al\,\frac{\mathrm{d}\rho_1 e(p_1,\rho_1)}{\mathrm{d}t}+\frac{\mathrm{d}\left(\dfrac{l}{4A}\dfrac{\dot{m}_0^2}{\rho_1}+\dfrac{l}{4A}\dfrac{\dot{m}_1^2}{\rho_1}\right)}{\mathrm{d}t}$$

$$=\left[\frac{p_{\mathrm{in}}}{\rho_{\mathrm{in}}}+e(p_{\mathrm{in}},\rho_{\mathrm{in}})\right]\dot{m}_0+\frac{1}{2}\frac{\dot{m}_0^3}{\rho_{\mathrm{in}}^2A^2}-\left[\frac{p_1}{\rho_1}+e(p_1,\rho_1)\right]\dot{m}_1-$$

$$\frac{1}{2}\frac{\dot{m}_1^3}{\rho_1^2A^2}+\pi Dl\dot{q}_1$$

$$(9-31)$$

$$Al\,\frac{\mathrm{d}\rho_i e(p_i,\rho_i)}{\mathrm{d}t}+\frac{\mathrm{d}\left(\dfrac{l}{4A}\dfrac{\dot{m}_{i-1}^2}{\rho_i}+\dfrac{l}{4A}\dfrac{\dot{m}_i^2}{\rho_i}\right)}{\mathrm{d}t}$$

$$=\left[\frac{p_{i-1}}{\rho_{i-1}}+e(p_{i-1},\rho_{i-1})\right]\dot{m}_{i-1}+\frac{1}{2}\frac{\dot{m}_{i-1}^3}{\rho_{i-1}^2A^2}-\left[\frac{p_i}{\rho_i}+e(p_i,\rho_i)\right]\dot{m}_i-$$

$$\frac{1}{2}\frac{\dot{m}_i^3}{\rho_i^2A^2}+\pi Dl\dot{q}_i\quad i=2,\cdots,n-1$$

$$(9-32)$$

$$Al\,\frac{\mathrm{d}\rho_n e(p_n,\rho_n)}{\mathrm{d}t}+\frac{\mathrm{d}\left(\dfrac{l}{4A}\dfrac{\dot m_{n-1}^2}{\rho_n}+\dfrac{l}{4A}\dfrac{\dot m_n^2}{\rho_n}\right)}{\mathrm{d}t}$$

$$=\left[\frac{p_{n-1}}{\rho_{n-1}}+e(p_{n-1},\rho_{n-1})\right]\dot m_{n-1}+\frac{1}{2}\frac{\dot m_{n-1}^3}{\rho_{n-1}^2 A^2}-\left[\frac{p_n}{\rho_n}+e(p_n,\rho_n)\right]\dot m_n-$$

$$\frac{1}{2}\frac{\dot m_n^3}{\rho_n^2 A^2}+\pi Dl\dot q_n$$

$$(9-33)$$

方程式（9－31）～式（9－33）中含有 $\dfrac{\mathrm{d}\rho e(p,\rho)}{\mathrm{d}t}$ 的计算，进行如下展开

$$\frac{\mathrm{d}(\rho e)}{\mathrm{d}t}=\rho\,\frac{\partial e}{\partial p}\,\frac{\mathrm{d}p}{\mathrm{d}t}+\left(e+\rho\,\frac{\partial e}{\partial\rho}\right)\frac{\mathrm{d}\rho}{\mathrm{d}t}\qquad(9-34)$$

利用方程式（9－34），即可得到 $\dfrac{\mathrm{d}p}{\mathrm{d}t}$ 的显示表达式。

上述一维可压缩流体的交错有限元状态变量模型是以 $\dot m$、p 和 ρ 为直接变量的常微分方程组，在模型中仅考虑了单向流的情形，即 $m_i>0(i=0,\cdots,n)$。为了在更广泛的范围内建立模型，针对第 i 个状态单元边界上流量为 m_{i-1}、m_i，流入、流出参数为 p_i^{in}、ρ_i^{in} 和 p_i^{out}、ρ_i^{out}，按照迎风格式选取，有

$$\begin{cases}g_i^{\mathrm{in}}=\begin{cases}g_{i-1}&\dot m_i\geqslant 0\\ g_i&\dot m_i<0\end{cases}\\[4mm] g_i^{\mathrm{out}}=\begin{cases}g_i&\dot m_{i+1}\geqslant 0\\ g_{i+1}&\dot m_{i+1}<0\end{cases}\end{cases}\qquad(9-35)$$

式中，$i=1,\cdots,n$，g_i 代表 p_i 或 ρ_i，且 $g_0=g_{\mathrm{in}}$，$g_{n+1}=g_{\mathrm{out}}$。

对第 j 个流量单元，边界上流量为相邻单元的代数平均值，即 $(\dot m_{j-1}+\dot m_j)/2$、$(\dot m_j+\dot m_{j+1})/2$；流入、流出参数为 p_j^{in}、ρ_j^{in} 和 p_j^{out}、ρ_j^{out}，按照迎风格式选取，有

$$
\begin{cases}
f_j^{\text{in}} = \begin{cases} f_{j-1} & (\dot{m}_{j-1} + \dot{m}_j)/2 \geqslant 0 \\ f_j & (\dot{m}_{j-1} + \dot{m}_j)/2 < 0 \end{cases} \\
f_j^{\text{out}} = \begin{cases} f_j & (\dot{m}_j + \dot{m}_{j+1})/2 \geqslant 0 \\ f_{j+1} & (\dot{m}_j + \dot{m}_{j+1})/2 < 0 \end{cases}
\end{cases}
\tag{9-36}
$$

式中，$j = 0, \cdots, n$，f_j 代表 p_j 或 ρ_j，且 $\dot{m}_{-1} = \dot{m}_{n+1} = 0$，$f_0 = f_{\text{in}}$，$f_{n+1} = f_{\text{out}}$。状态单元上以 p_i^{in}、ρ_i^{in} 和 p_i^{out}、ρ_i^{out} 为边界参数建立质量方程、能量方程，而流量单元上以 p_j^{in}、ρ_j^{in} 和 p_j^{out}、ρ_j^{out} 建立动量方程。

同样，对于流量单元的边界流量也可以采用迎风格式，而非代数平均值。

（3）管路换热模型

低温液体火箭发动机起动仿真常常要考虑管路流体与管壁的换热。对一维管路，常假设管路为薄壁管，管路截面的平均温度近似表征内壁面温度；同时，忽略管壁的轴向热传导。

管路的管壁按照状态单元进行分割，第 i 个单元的换热方程为

$$
\frac{\mathrm{d}T_{wi}}{\mathrm{d}t} = -\frac{\dot{q}_i \Delta S_i}{c_w M_{wi}} \quad i = 1, \cdots, n
\tag{9-37}
$$

式中　T_{wi}，ΔS_i，M_{wi}——内壁温度、内壁表面积、管壁单元质量；

　　　c_w——管路材料的比热容；

　　　$\dot{q}_i$——管壁单位表面积上的热流率，流入为正。

9.2.2　动力系统频域模型

动力系统频域研究是将时域的微分方程通过积分变换到频域范围，通常采用线性化方法进行处理，以研究分析系统的瞬变特性或稳定特性。例如，前面的 POGO 稳定性分析主要采用频域模型进行研究。下面重点介绍管路频域模型的建立，其他组件的模型可参阅第 7 章。

对于液体管路，在时域上反映流体压缩性、惯性和黏性的方

程为

$$\frac{\partial p}{\partial t} = -\frac{B}{A}\frac{\partial q}{\partial x} \qquad (9-38)$$

$$\frac{\partial q}{\partial t} = -\frac{A}{\rho}\frac{\partial p}{\partial x} - \lambda\frac{q^2}{2d_eA} \qquad (9-39)$$

式 (9-38) 是一个非线性方程，首先需要线性化。采用小扰动方法进行线性化，即

$$p = \overline{p} + p',\, q = \overline{q} + q' \qquad (9-40)$$

式中　$\overline{p}$——稳态值；

　　　p'——脉动值。

代入上面方程并考虑到稳态值不随时间变化，得

$$\frac{\partial p'}{\partial t} = -\frac{B}{A}\frac{\partial q'}{\partial x} \qquad (9-41)$$

$$\frac{\partial q'}{\partial t} = -\frac{A}{\rho}\frac{\partial p'}{\partial x} - \lambda\frac{\overline{q}q'}{d_eA} \qquad (9-42)$$

对上述方程进行变换并将等效体积弹性模量 B 用密度和声速表示：$B = \rho a^2$。得到

$$-\frac{\partial q'}{\partial x} = \frac{A}{\rho a^2}\frac{\partial p'}{\partial t} \qquad (9-43)$$

$$-\frac{\partial p'}{\partial x} = \frac{\rho}{A}\frac{\partial q'}{\partial t} + \lambda\frac{\rho\overline{q}q'}{d_eA^2} \qquad (9-44)$$

对式 (9-43) 和式 (9-44) 两个线性方程进行拉普拉斯变换

$$-\frac{\partial Q(x,s)}{\partial x} = \frac{A}{\rho a^2}sP(x,s) \qquad (9-45)$$

$$-\frac{\partial P(x,s)}{\partial x} = \frac{\rho}{A}sQ(x,s) + \lambda\frac{\rho\overline{q}}{d_eA^2}Q(x,s) \qquad (9-46)$$

进一步得到

$$-\frac{\partial P(x,s)}{\partial x} = Z(s)Q(x,s) \qquad (9-47)$$

$$-\frac{\partial Q(x,s)}{\partial x} = Y(s)P(x,s) \qquad (9-48)$$

上述方程即为管路动力学中用于频率特性分析的基本方程。该方程从管路时域基本方程出发推导出来，不仅仅适用于管路，而且适用于任何流体元件，例如发动机燃烧室。

通常，$Z(s) = R + Ls$ 称为串联阻抗。其中 R 为流阻，与摩擦或者局部损失相关，对于直管段，取 $\lambda \dfrac{\rho \bar{q}}{d_e A^2}$；$L$ 为流感，与流体的惯性相关，对于直管段，取 $\dfrac{\rho}{A}$。$Y(s) = G + Cs$ 称为并联导纳。其中，G 是流导，与热传导和管路泄漏有关，通常不考虑；C 为流容，与流体的压缩性相关，$C = \dfrac{A}{\rho a^2}$。定义特征阻抗为

$$Z_C(s) = \sqrt{Z(s)/Y(s)} \qquad (9-49)$$

对于直管路系统，其特征阻抗为

$$Z_C(s) = \sqrt{\frac{(R + Ls)}{(G + Cs)}} = \sqrt{\frac{\left(\lambda \dfrac{\rho \bar{q}}{d A^2} + \dfrac{\rho}{A} s \right)}{\dfrac{A}{\rho a^2} s}} = \frac{\rho a}{A} \qquad (9-50)$$

对于一个长为 l 的管路，设在其两端点的压力和流量分别为

$$\begin{cases} p_1(t) = p(0,t), q_1(t) = q(0,t) \\ p_2(t) = p(l,t), q_2(t) = q(l,t) \end{cases} \qquad (9-51)$$

对上述条件同样取拉普拉斯变换，有

$$\begin{cases} P_1(s) = P(0,s), Q_1(s) = Q(0,s) \\ P_2(s) = P(l,s), Q_2(s) = Q(l,s) \end{cases} \qquad (9-52)$$

根据初始时刻的特解，可计算系数为

$$\begin{cases} C_1 = [P_1(s) + Z_C(s)Q_1(s)]/2 \\ C_2 = [P_1(s) - Z_C(s)Q_1(s)]/2 \end{cases} \qquad (9-53)$$

将 C_1、C_2 的值代入方程中，就得到了管路上任意一点处的压力和流量的频域解。对系统分析来说，最有意义的解就是在管路末端处的值，因此将 $x = l$ 时的边界值代入可以得到

$$\begin{bmatrix} P_2(s) \\ Q_2(s) \end{bmatrix} = \begin{bmatrix} \mathrm{ch}\Gamma(s) & -Z_C(s)\mathrm{sh}\Gamma(s) \\ -\dfrac{1}{Z_C(s)}\mathrm{sh}\Gamma(s) & \mathrm{ch}\Gamma(s) \end{bmatrix} \begin{bmatrix} P_1(s) \\ Q_1(s) \end{bmatrix}$$

$$(9-54)$$

定义传播算子

$$\Gamma(s) = \gamma(s)l \qquad\qquad (9-55)$$

进一步得到

$$\begin{bmatrix} P_1(s) \\ Q_1(s) \end{bmatrix} = \begin{bmatrix} \mathrm{ch}\Gamma(s) & Z_C(s)\mathrm{sh}\Gamma(s) \\ \dfrac{1}{Z_C(s)}\mathrm{sh}\Gamma(s) & \mathrm{ch}\Gamma(s) \end{bmatrix} \begin{bmatrix} P_2(s) \\ Q_2(s) \end{bmatrix}$$

$$(9-56)$$

该方程是流体传输管道动态特性的基本方程，由一维管路的偏微分方程推导得到，属于分布参数模型。在实际系统分析中，一个元件的输入端总是另一个元件的输出端。上述方程是一个矩阵形式，因此通过矩阵运算可以求解复杂系统的动态特性。

9.3　模块化通用仿真技术

建立动力系统通用仿真工具可以有效解决动力系统的故障模式分析、冗余设计检验等工作。通过系统仿真，还可以对动力系统增压方案设计、组件性能进行优选，完成对系统进行最大程度的优化设计，显著地增强动力总体的设计手段及工作效率。同时增强对试验的指导，减少试验中的盲目性，节省研制周期以及经济、人力资源成本。

采用模块化设计是实现仿真软件通用化的有效途径，动力系统通用仿真软件主要包括模型库、求解器、输入输出等。

液体火箭动力系统组成形式虽然多样，但可以看成由几类典型部件（如管道、阀门、离心泵、涡轮、燃烧室等）组成。因此，可以建立起典型部件的通用数学模型，再将各模型通过一定方式进行组合。这样就可方便地解决各种不同结构型式的动力系统的建模问题。合理的模块化分解是模块化建模与仿真的第一步，模块划分的形式决定了模块的连接方式，模块划分的结果应保证系统的模块化分解和模块连接组合过程简单，任意一个模块的删除和插入不给其他模块的组合过程带来影响。模块划分遵循的基本原则如下：

1）模块能完成独立的物理功能，具有数学独立性；

2）模块内部与外部具有明确一致的边界和接口；

3）模块的分割根据物理设备或部件进行，模块的边界为实际的物理边界。

按照动力系统通用仿真软件的架构，动力系统仿真模型库主要包括液体火箭发动机（LRE）分析库、增压输送系统仿真分析库、POGO 分析库等，满足动力系统总体设计中增压计算、POGO 抑制、发动机静动态特性分析、故障模拟、预冷仿真、试验预示等需要。另外，还需要建立基础数据库，包括弹道数据模块、大气参数模块等，为其他模块提供底层支撑。动力系统仿真模型库组成如图 9 - 24 所示。

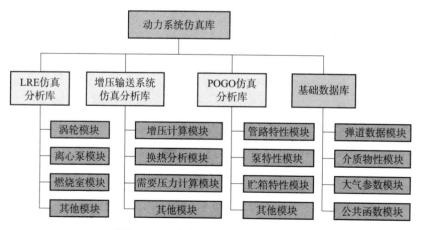

图 9 - 24　动力系统仿真模型库组成

第 10 章 低温动力系统试验技术

10.1 低温动力系统试验体系

低温液体火箭动力系统在方案论证、初样设计以及试样飞行阶段，均需要开展大量的试验研究工作。动力系统试验根据试验对象的不同，可以划分为动力系统总体试验、增压输送系统试验以及液体火箭发动机相关试验；按照试验实施阶段的不同，可以划分为预研阶段、方案阶段、初样阶段以及试样阶段；根据试验性质的不同，又可以划分为研究性试验或者验证性试验。

这些试验项目和项目之间很多都有联系和影响，不同试验所考核的内容对型号研制的影响程度也都各不相同。动力系统的研制过程试验策划主要基于如下原则：

1）试验结果影响方案的成立、可能导致方案反复的试验，则考虑在方案阶段开展。

2）试验结果用作系统完善设计，但在一定程度上会影响其他系统，则考虑最晚在初样阶段开展。

3）试验结果用作系统完善设计，对其他系统基本无影响，则可以在试样阶段开展。

4）如果具备搭载其他试验的条件，在试验开展阶段上可尽量将相关试验进行统筹安排。

目前，低温动力系统总体研制试验项目见表 10-1，试验体系如图 10-1 所示。这里主要包括动力系统总体试验，不含发动机热试车等。

表 10 - 1　低温动力系统总体研制试验项目

序号	试验名称	试验目的
1	贮箱增压试验	验证增压方案可行性,优化增压参数
2	发动机预冷试验	研究不同预冷方案可行性,优化预冷程序
3	推进剂出流试验	研究和验证贮箱防溅、防塌装置的原理及有效性
4	POGO 抑制试验	研究验证 POGO 分析模型,试验验证蓄压器设计性能
5	涌泉抑制试验	研究涌泉形成机理,验证抑制措施有效性
6	推进剂管理试验	研究验证推进剂管理方案有效性,优化 PMD 装置参数
7	供配气系统试验	研究试验供气系统、配气系统性能,流阻、流量匹配特性
8	低温贮箱蒸发试验	验证贮箱蒸发计算模型的正确性,绝热层性能、过热层分布特性,外部因素对蒸发率的影响
9	气瓶充放气试验	试验气瓶充放气过程特性,气瓶温度的影响因素
10	动力系统试车	验证增压输送系统设计正确性、工作可靠性、参数合理性;验证增压输送系统及发动机的结构协调性

10.2　低温动力系统试验方法

10.2.1　贮箱增压试验

贮箱增压试验是验证增压系统方案设计正确性的重要手段,试验目的包括:

1)验证增压系统方案的正确性、可行性;

2)修正增压计算模型,为确定流量、温度、压力等飞行状态增压参数提供依据;

3)确定增压气体用气量;

4)考核增压气体与增压管路的换热特性;

5)考核不同形式消能器对箱内气体温度及增压效率的影响;

6)获得贮箱内气枕气体和箱壁温度分布,以确定贮箱及箱内产品设计温度条件;

7)验证增压系统各设备间的工作协调性。

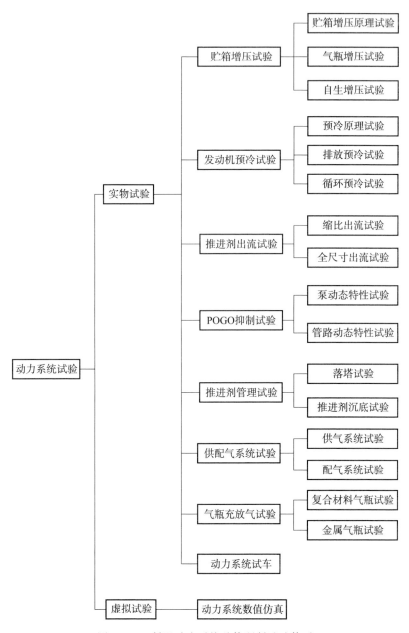

图 10 - 1　低温动力系统总体研制试验体系

贮箱增压试验系统一般由贮箱、地面增压系统、箭上增压系统、加注泄出系统、推进剂排放系统、地面供配气系统、排气系统、控制系统、测量系统等组成，如图10 - 2 所示。

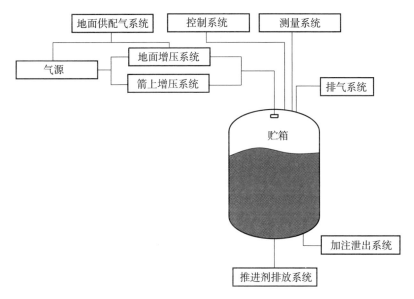

图 10 - 2　贮箱增压试验系统

10. 2. 2　发动机预冷试验

为获得发动机预冷参数（如预冷好条件、流量、温度、时间等）和最优预冷系统流程方案而开展的试验称为发动机预冷试验。发动机预冷试验是开展预冷系统方案设计的重要手段，试验目的包括：

1）获取不同预冷方案的特性，验证理论设计计算的正确性，确定最优预冷系统方案；

2）为低温火箭发动机预冷系统组成、参数设计、预冷好条件、系统工作程序及使用维护方案的确定提供试验依据；

3）确定试验系统低温推进剂的预冷消耗量，及气体消耗量（氮气、氦气等），为确定火箭发射阶段的低温推进剂及气体消耗量提供试验依据；

4）研究过冷推进剂加注、贮箱增压、发动机吹除等流程对低温发动机预冷的影响。

发动机预冷试验系统一般由贮箱、输送管、发动机、回流管等组成。

10.2.3 推进剂出流试验

推进剂出流试验的目的主要是获得贮箱出口型面出流效果、出流装置消漩防塌效果等。出流试验一般包括缩比出流试验和全尺寸出流试验。在出流装置试验验证时，应考虑无量纲参数，如 Re、Fr、We、Re/Fr 等对出流过程的影响。出流试验一般均应保证 Fr 相等。带晃动装置的出流试验系统是将贮箱连接到低频晃动台，按一定频率激励使液体晃动，一般随着液面下降，晃动的频率不断改变。

推进剂出流试验系统一般由试验贮箱、试验管路、消漩装置及试验测量观察系统、试验塔架等组成。图 10 - 3 给出了日本 H - IIB 火箭进行的 1/5.2 缩比模型出流试验系统，试验中采用几何相似和 Fr 相似。

10.2.4 涌泉抑制试验

涌泉抑制试验的目的是验证涌泉抑制措施的可行性和有效性，以及试验研究涌泉的产生和发展机理。涌泉现象模拟试验系统如图 10 - 4 所示，包括贮罐、输送管路、管路端部密封。为了考察管路长径比、漏热量等因素对间歇泉现象的影响，试验可以采用不同的管路长度和直径。管路绝热结构可以采用单层输送管、双层真空绝热输送管路等。

10.2.5 POGO 抑制试验

POGO 抑制试验的目的一般包括以下几个方面：

1）获取泵的动态特性参数，为液体运载火箭 POGO 抑制设计提供输入数据；

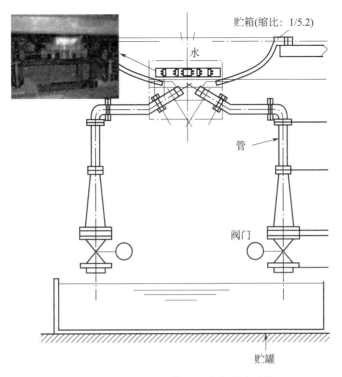

图 10 - 3　H－ⅡB 火箭一级出流试验系统

2）获取不同工况下输送系统的动态特性和蓄压器的实际性能参数；

3）验证液体火箭推进剂输送系统动态特性的理论分析结果。

对于泵的动态特性试验，通过对泵前管路中的流体进行扫频激励（或随机激励），来测量泵入口管路中的压力脉动，通过泵运转前后泵前管路中流体一阶频率的变化来计算分析汽蚀柔度参数。同时，针对泵的不同运转工况，在泵前管路上对试验系统内的流体施加不同频率的定频激励，同时测量泵入口和出口的压力脉动，通过压力脉动数据分析泵在不同频率下的动态增益参数。泵动态特性试验系统一般由试验水箱、隔离容器、截止阀、激励系统、泵、驱动电动机、节流孔板、调节阀、管路和测量系统等组成，如图 10 - 5 所示。

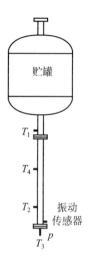

图 10-4　涌泉现象模拟试验系统

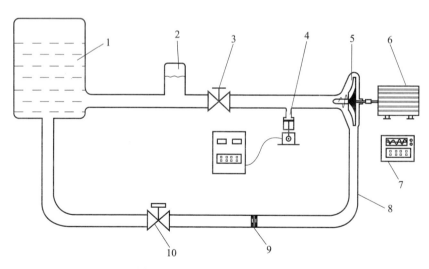

图 10-5　泵动态特性试验系统

1—试验水箱；2—隔离容器；3—截止阀；4—激励系统；5—泵；6—驱动电动机；

7—测量系统；8—管路；9—节流孔板；10—调节阀

输送系统动态特性试验主要通过在输送系统下方位置处施加正弦扫频激励，测得管路沿程不同位置处的脉动压力响应。通过每个脉动压力测点的响应信号与激励信号的传递函数分析，获得输送系统的前两阶固有频率和振型。试验系统一般由模拟贮箱、增压和排气系统、输送系统、激励系统、测量系统等组成。

10.2.6　动力系统试车

动力系统试车是指将动力系统、箭体结构、控制系统、测量系统等组合在一起所进行的热试车。动力系统试车是全面验证发动机与增压输送系统工作协调性，以及动力系统测试发射流程合理性的关键试验，可充分考核发动机、增压、输送、预冷、排气、射前流程、后处理等一系列关键技术。动力系统试车的参试系统几乎涵盖模块所有的箭上和地面设备，包括动力系统、电气系统、地面测发控、发射支持系统等，属于火箭子级全系统试车。国外火箭的研制过程均把动力系统试车作为重要的地面大型试验予以组织。

（1）土星 V 火箭一级试车

土星 V 一级在斯坦尼斯航天中心开展了多次单机试车和动力系统试车（见图 10 - 6），其中非全程单机试车 2 771 次，全程单机试车 1 110 次，试车总时间达 24 万秒。非全程五机联试 34 次，全程五机联试 18 次，模拟发射试车 13 次，总时间达 1.6 万秒。

（2）德尔塔 IV 一级试车

德尔塔 IV 一级静态点火试验（即 CBC 公共芯级动力系统试车）在斯坦尼斯航天中心 B - 2 试验台进行，如图 10 - 7 所示。静态点火试验通过发动机起动、关机程序和模拟多种飞行任务来验证硬件、软件和操作程序的有效性。除静态点火试验外，还在卡拉维拉尔角空军试验基地的 37 号航天发射场进行了紧急关机程序试验，进一步对整个子级系统进行可靠性验证。

图 10 - 6　土星 V 一级正在 B - 2 试验台上吊装

（3）法尔肯 9 火箭一级试车

法尔肯 9 火箭一级采用 9 台发动机，在高可靠性的要求下进行了多次的子级状态全程试车，如图 10 - 8 所示。2008 年 11 月 22 日在麦克格雷格试车场进行了 9 台发动机参加的一子级全程热试车。

动力系统试车参加系统多、状态复杂，需要开展详细的方案设计。方案设计内容主要包括：

1）试车目的与试车次数；

2）参加试验的系统组成及各系统方案；

3）试车场系统方案；

4）试车流程及计划；

图 10 - 7　德尔塔Ⅳ CBC 在 B - 2 试验台上动力系统试车

5）风险及安全性分析；

6）应急情况处理方案。

动力系统试车组织过程一般包括：

1）箭体运输；

2）模块起吊；

3）箭体上试车台连接；

4）系统测试；

5）试车实施；

6）后处理；

7）结果评估。

动力系统试车组织过程要重点关注应急情况的处理，需要设置

图 10 - 8　法尔肯 9 一级动力系统试车

手动紧急关机、自动紧急关机等安全措施。手动紧急关机由试车指挥手动实施，引发手动紧急关机的故障情况一般有一个发展周期，由试车台故障监测系统自动监测并识别出相关故障后人工实施。自动紧急关机由试车控制设备自动实施，主要应对瞬变型故障，试车过程中自动实时监测各系统的工作参数，一旦满足自动紧急关机条件时，立即实施关机。

动力系统试车后还需要进行充分的结果评估，从而为飞行试验提供依据。

（4）长征五号 5 m 级氢氧模块试车

在传统运载火箭研制过程中，动力系统试车主要用来验证运载火箭动力系统增压输送与发动机间参数和接口的匹配性、工作协调性，考核多机并联、增压、输送、预冷、排气、射前流程、后处理等一系列关键技术。长征五号研制过程中，动力系统试车技术的内涵获得拓展，参试系统几乎涵盖模块所有的箭上和地面设备（如动力系统、电气系统、结构系统、地面测发控、发射支持系统等），试车流程与射前流程高度匹配，动力系统试车已经成为对模块各系统技术状态验证、充分释放首飞风险的重要试验；同时动力系统试车积累了箭上力热环境数据，考核箭上设备对真实环境及时长的适应性，具备其他试验无法替代的效果。

2015 年 2 月 9 日至 8 月 17 日，长征五号相继圆满完成芯一级、芯二级两个模块、5 m 级大尺寸氢氧模块四次动力系统试车，是我国时隔 20 年再次开展氢氧动力系统试车，是国内最大规模的氢氧低温动力系统地面试验；考核了系统间接口匹配性、低温推进剂加注泄出及后处理方案与操作、系统预案和指挥调度流程，为首飞前风险有效释放和首飞圆满成功奠定了坚实基础。图 10 - 9 为我国新一代运载火箭长征五号芯一级动力系统试车。

图 10 - 9　长征五号芯一级动力系统试车

参 考 文 献

[1] 《液体火箭动力系统发展综述》编委会．液体火箭动力系统发展综述 [M]．中国航天科技集团公司一院一部十一室．

[2] 《国外运载火箭五年发展综述》编委会．国外运载火箭五年发展综述 [M]．中国航天科技集团公司一院一部十一室．

[3] 《设计师手册》编委会．动力总体设计师手册 [M]．中国航天科技集团公司一院一部十一室．

[4] 沈维道，童钧耕．工程热力学 [M]．4 版．北京：高等教育出版社，2007.

[5] 王承阳，王炳忠．工程热力学 [M]．北京：冶金工业出版社，2016.

[6] 杨世铭，陶文铨．传热学 [M]．4 版．北京：高等教育出版社，2007.

[7] 龙天渝，蔡增基．流体力学 [M]．3 版．北京：中国建筑工业出版社，2019.

[8] 王献孚，熊鳌魁．高等流体力学 [M]．武汉：华中科技大学出版社，2003.

[9] 约翰 D 安德森．计算流体力学基础及其应用 [M]．吴颂平，刘赵淼，译．北京：机械工业出版社，2015.

[10] 童秉纲，孔祥言，邓国华．气体动力学 [M]．2 版．北京：高等教育出版社，2012.

[11] 武晓松，陈军，王栋．固体火箭发动机气体动力学 [M]．北京：国防工业出版社，2005.

[12] 施明恒，甘永平，马重芳．沸腾和凝结 [M]．北京：高等教育出版社，1995.

[13] 弗兰克 P 英克鲁佩勒，等．传热和传质基本原理 [M]．6 版．葛新石，叶宏，译．北京：化学工业出版社，2007.

[14] 徐硕昌．微重力流体力学 [M]．北京：科学出版社，1999.

[15] 庄逢辰. 液体火箭发动机喷雾燃烧的理论、模型及应用 [M]. 长沙：国防科技大学出版社，1995.

[16] 黄勇. 燃烧与燃烧室 [M]. 北京：北京航空航天大学出版社，1995.

[17] 蔡国飙，李家文，田爱梅，等. 液体火箭发动机设计 [M]. 北京：北京航空航天大学出版社，2011.

[18] D K 修泽尔，等. 液体火箭发动机现代工程设计 [M]. 朱宁昌，等译. 北京：中国宇航出版社，2003.

[19] DRESSLER Gordon A，CALIF Manhattan Beach. Nonpropellant fluid cooled space craft rocket engine：US，6052987 [P]. 2000.

[20] 李琦芬，陈国邦，谢雪梅，等. 低温输液泵自然循环预冷模拟试验 [J]. 推进技术，2005，26（2）：167 - 173.

[21] 符锡理. 低温系统的预冷过程和计算 [J]. 低温工程，1998（2）：1 - 6.

[22] 田玉蓉，张福忠，唐一华. 低温推进剂火箭发动机循环预冷方法研究 [J]. 导弹与航天运载技术，2003（2）：7 - 15.

[23] R Das，S Pattanayak. Bubble to slug flow transition in vertical upward two - phase flow of cryogenic fluids [J]. Cryogenics，1995（35）：421 - 426.

[24] 张亮，林文胜，鲁雪生，等. 低温液体输送系统间歇泉现象机理分析与消除措施 [J]. 低温与超导，2002，30（108）：1 - 6.

[25] 廖少英. 低温推进剂火箭喷泉效应及其抑制 [J]. 上海航天，2002（3）：29 - 34.

[26] N Y Cho，O Kwon，Y G Kim，et al. Investigation of helium injection cooling to liquid oxygen propellant chamber [J]. Cryogenics，2006（46）：132 - 142.

[27] 刘展，厉彦忠，王磊. 低温推进剂热分层研究 [J]. 宇航学报，2015，36（6）：613 - 623.

[28] C Colin，J Fabre，J McQuillen. Bubble and slug flow at microgravity conditions：State of knowledge and open questions [J]. Chemistry Engineering Communication，1996，141（142）：155 - 173.

[29] 赵建福，临海，解京昌，等. 失重飞机搭载气/液两相流实验研究 [J]. 空间科学学报，2000，20（4）：340 - 347.

[30] 顾汉洋，郭烈锦. 垂直圆管内湍流泡状流的数值研究 [J]. 化工学报，2004，55（4）：563-567.

[31] Tramel，Terri L，Motil，Susan M. NASA's Cryogenic Fluid Management Technology Project [J]. AIAA 2009-2407.

[32] Daniel Glover. NASA Cryogenic Fluid Management Space Experiment Efforts 1960-1990 [J]. AIAA-91-3538.

[33] 胡伟峰，申麟，杨建民，等. 低温推进剂长时间在轨的蒸发量控制技术进展 [J]. 导弹与航天运载技术，2009，304（6）：29-34.

[34] Neil T Van Dresar. Liquid Oxygen Thermodynamic Vent System Testing With Helium Pressurization [R]. NASA TP-216633.

[35] 《世界航天运载器大全》编委会. 世界航天运载器大全 [M]. 2版. 北京：中国宇航出版社，2007.

[36] 范瑞祥，田玉蓉，黄兵. 新一代运载火箭增压技术研究 [J]. 火箭推进，2012，38（4）：9-16.

[37] 廖少英. 液体火箭推进增压输送系统 [M]. 北京：国防工业出版社，2007.

[38] Elliot Ring Arthur A Ezra，James A Bowman，et al. Rocket Propellant and Pressurization Systems [M]. Englewood Clitts，N. J.，1964.

[39] 张福忠. 冷氦增压系统的研制 [J]. 低温工程，1996（4）：6-12.

[40] 张志广，杜正刚，刘荦. 液体火箭冷氦增压系统低温试验研究 [J]. 低温工程，2013（2）：60-63.

[41] 范瑞祥，黄兵，田玉蓉. 高温气体增压对液氧贮箱壁面温度影响研究 [J]. 导弹与航天运载技术，2013（5）：76-81.

[42] L G Bolshinskiy. Tank System Integrated Model：A Cryogenic Tank Performance Prediction Program [R]. 2017.

[43] Greg Zilliac. Modeling of Propellant Tank Pressurization [R]. AIAA，2005.

[44] Alok K Majumdar. Numerical Modeling of Pressurization of Cryogenic Propellant Tank for Integrated Vehicle Fluid System [C]. 52nd AIAA/SAE/ASEE Joint Propulsion Conference，Salt lake City，Utah，AIAA 2016-4674.

［45］ Rubin S. Prevention of coupled structure – propulsion instability（POGO）
［J］. NASA Space Vehicle Design Criteria（Structures），SP – 8055，1970.

［46］ 马道远，王其政，荣克林. 液体捆绑火箭 POGO 稳定性分析的闭环传递
函数法［J］. 强度与环境，2010（1）：1 – 7.

［47］ Bohdan W Oppenheim，Sheldon Rubin. Advanced POGO Stability Analysis for
Liquid Rockets［J］. Journal of Space Craft and Rockets，1993，30（3）：
360 – 373.

［48］ Worlund A L. Saturn V Longitudinal Oscillation（POGO）Solution. AIAA
5th Propulsion Joint Specialist Conference，Air force academy，Colirado，
June 9 – 13，1969：1 – 7.

［49］ Sheldon Rubin. An Interpretation of Transfer Function Data for a
Cavitating Pump［C］. AIAA 2004 – 4025.

［50］ 王其政. 结构耦合动力学［M］. 北京：宇航出版社，1999.

［51］ Takumit Ujino，Yoshiki Morino. POGO analysis on the H – Ⅱ launch
vehicle［C］. AIAA PAPER 89 – 1209，1989.

［52］ 张智，王楠，刘竹生. 中国载人运载火箭 POGO 抑制技术研究［J］. 中
国科学（技术科学），2014（44）：504 – 509.

［53］ 汤波，于子文，张青松. 利用稳定性相图进行的 POGO 抑制设计［J］.
强度与环境，2009，2（36）：32 – 37.

［54］ 司徒斌，高普云. 低温运载火箭 POGO 抑制系统研究［J］. 低温工程，
2006（2）：58 – 64.

［55］ 王楠，容易，胡久辉，等. 注气式 POGO 抑制系统模型研究［J］. 导弹
与航天运载技术，2020（5）：32 – 37.

［56］ 王庆伟，王小军，张青松，等. 液体火箭 POGO 振动缩聚模型研究［J］.
振动与冲击，2019，38（1）：8 – 13.

［57］ 李斌，杜大华，张贵田，等. 液氧/煤油补燃发动机低频频率特性研究
［J］. 航空动力学报，2009，24（5）：1187 – 1191.

［58］ 马方超，刘文川，陈牧野，等. 注气式蓄压器自由液面控制技术研究
［J］. 导弹与航天运载技术，2020（4）：63 – 72.

［59］ David L Ransom，Harold H Doiron. Experimentally Validated Pogo

Accumulator Flow Resistance Model [C]. 47th AIAA Joint Propulsion Conference & Exhibit，AIAA 2011 - 5774.

[60] 李大鹏，张博俊，邵业涛，等 . 液体运载火箭舱段防结露吹除流量控制技术研究 [J]. 宇航总体技术，2019，3（2）：30 - 35.

[61] 沈丹，苏虹，秦瞳 . 氢氧火箭低温舱段氮气吹除热环境仿真 [J]. 低温工程，2015（增刊）：257 - 261.

[62] 王营军，陈山，全承哲，等 . 地面供配气系统中孔板节流特性分析 [J]. 导弹与航天运载技术，2020，372（1）：94 - 98.

[63] Bystrom L. Undersea focus - submarine recovery in case of flooding [J]. Naval Forces，2004，25（3）：80 - 85.

[64] 郭珣 . 基于典型气路的高压全自动供气技术研究 [D]. 北京：中国运载火箭技术研究院，2019.

[65] Hamed A，Morell A，Bellamkonda G. Three - dimensional simulations of bleed hole rows/shock - wave/turbulent boundary - layer interactions [R]. AIAA 2012 - 0840，2012.

[66] 袁学飞，张雷杰，樊蕾 . 基于模糊控制器的减压阀控制单元的设计 [J]. 导弹与航天运载技术，2011，312（2）：42 - 45.

[67] Ghaffari S，Marxen O，Iaccarino G，et al. Numerical simulations of hypersonic boundary - layer instability with wall blowing [R]. AIAA 2010 - 706，2010.

[68] 艾万政，周琦 . 孔板后回流区长度数值模拟研究 [J]. 水动力学研究与进展，2011，26（6）：731 - 735.

[69] Johnson H B，Gronvall J E，Candler G V. Reacting hypersonic boundary layer stability with blowing and suction [R]. AIAA 2009 - 938，2009.

[70] 汪宇亮 . 基于 AMESim 的工程机械液压系统故障仿真研究 [D]. 武汉：武汉理工大学，2012.

[71] Michael D Murphy，Robert Paasch. Reliability Centered Prediction Technique for Diagnostic Modeling and Improvement [J]. Research in Engineering Design，1997（9）：35 - 45.

[72] 彭育辉，吴智洲 . 基于 AMESim 的 CNG 双级减压阀动态特性的研究

[J]. 液压气动与密封，2018（1）：14 - 19.

[73]　张远深. 基于 AMESim 的高压气动减压阀的稳定特性［J］. 液压与气动，2015（9）：68 - 72.

[74]　苏永生，王恒杰. 应用 CFD 消除气流脉动［J］. 华东理工大学学报，2006，32（4）：480 - 483.

[75]　J R Mason，R D Southwick. Large liquid rocket engine transient performance simulation system（final report）［R］. NASA - CR - 184099.

[76]　J R Mason，R D Southwick. Large liquid rocket engine transient performance simulation system（six months report）［R］. NASA - CR - 183780.

[77]　Michael Binder. An RL10A - 3 - 3A Rocket Engine Model Using the Rocket Engine Transient Simulator（ROCETS）Software，AIAA - 93 - 2357［C］. 29th AIAA Joint Propulsion Conference & Exhibit 1993，Monterey，C. A.

[78]　Gerard Ordonneau. CARINS：A New Versatile and Flexible Tool for Engine Transient Prediction Development Status，6th international symposium on launcher technologies，Munich 2005.

[79]　Nobuhiro Yamanishi. Transient Analysis of the LE - 7A Rocket Engine Using the Rocket Engine Dynamic Simulator（REDS）［C］. 40th AIAA Joint Propulsion Conference & Exhibit 2004，Fort lauderdale，FL. AIAA - 2004 - 3850.

[80]　A Tarafder，Sunil Sarangi. CRESP - LP：A Dynamic Simulator for Liquid - Propellant Rocket Engines［C］. 36th AIAA Joint Propulsion Conference & Exhibit 2000，AIAA - 2000 - 3768.

[81]　刘昆. 分级燃烧循环液氧/液氢发动机系统分布参数模型与通用仿真研究［D］. 长沙：国防科技大学，1990.

[82]　Alok Majumdar，Andre LeClair，Ric Moore. Generalized Fluid System Simulation Program（GFSSP）- Version 6［C］. 51st AIAA Joint Propulsion Conference 2015.

[83]　Armin Isselhorst，Kai Bergemann. Ballistic flight phase simulation witheuces tool for ESC - A upper stage［J］. AIAA 2009 - 5810.

［84］　Armin Isselhorst. Euces：European cryogenic engineering software tool ［J］. AIAA 2006 - 6729.

［85］　Armin Isselhorst，Gunnar Sieber. Simulation of Ariane 5 SCA system witheuces tool ［R］.

［86］　Armin Isselhorst. HM7B simulation with ESPSS tool on Ariane 5 ESC - A upper stage ［J］. AIAA 2010 - 7047.

［87］　Khary I Parker，James L Felder，Thomas M Lavelle. Integrated Control Modeling for Propulsion Systems Using NPSS ［R］. NASA/TM - 2004 - 212945.

［88］　Michael L Belair，Charles J Sarmiento，Thomas M Lavelle. Nuclear Thermal Rocket Simulation in NPSS ［R］. NASA/TM - 2013 - 216553.

［89］　邵业涛，黄辉，黄兵，等. 高温气氧自生增压系统试验与计算 ［C］. 第十一届全国低温工程大会论文集，461 - 469.

［90］　程某森，张育林. 推进剂供应管路充填过程研究 ［J］. 推进技术，1997，18（2）：70 - 74.

［91］　V S Rachuk，N S Gomcharov. Design，Development and history of the oxygen/hydrogen engine RD - 0120 ［R］. AIAA - 95 - 2540.

［92］　田玉蓉，张化照，张福忠，等. 低温推进剂火箭发动机循环预冷试验研究 ［J］. 导弹与航天运载技术，2003（3）：42 - 50.

［93］　黄兵，陈士强，李东，等. 低温运载火箭液氢自流预冷系统特性研究 ［J］. 载人航天，2016，22（3）：334 - 337.

［94］　王小军，于子文，张兵，等. 国内外运载火箭 POGO 抑制技术研究进展 ［J］. 中国科学（技术科学），2014，44（5）：492 - 503.

［95］　张青松，张兵. 大型液体运载火箭 Pogo 动力学模型研究 ［J］. 中国科学（技术科学），2014，44（5）：525 - 531.

［96］　Slazer F A，Harvey J C，Sirko R J，et al. Delta IV launch vehicle growth options to support NASA's space exploration vision ［J］. Acta Astronautica，2005（57）：604 - 613.

［97］　孙雅平. 德尔它 4 系列运载火箭 ［J］. 导弹与航天运载技术，2005（6）：21 - 27.

[98] Jorant P. Ariane 5 family [C]. Proceedings of the AIAA Space Programs and Technologies Conference and Exhibit, Huntsville AL, Sept. 21 – 23, 1993.

[99] Orye R. Ariane 5: Launcher for the 21st century [C]. Proceedings of the AIAA Space Programs and Technologies Conference, Huntsville AL, Sept. 27 – 29. 1994.

[100] Hiroshi M. The H – II launch vehicle status [R]. 1996.

[101] 卜玉, 刘瑞敏, 梁怀喜. 新一代运载火箭氢氧模块动力系统试验风险分析 [J]. 火箭推进, 2016 (2): 66 – 70.

[102] 刘瑞敏, 卜玉, 孙德, 等. 新一代运载火箭动力系统试车总体试验技术研究 [J]. 火箭推进, 2017 (2): 72 – 77.

[103] 蒋吉兵, 朱良平, 丁志强. 新一代运载火箭测试发射流程设计方法 [J]. 计算机工程与应用, 2012, 48 (3): 456 – 459.